새로운 인문주의자는
경계를 넘어라

고즈윈은 좋은책을 읽는 독자를 섬깁니다.
당신을 닮은 좋은책 — 고즈윈

새로운 인문주의자는 경계를 넘어라

이인식 · 황상익 · 이필렬 외

1판 1쇄 발행 | 2005. 10. 15.
1판 2쇄 발행 | 2007. 4. 5.

2장과 4장에 첨부한 「물리학자 앨런 소칼의 유쾌한 속임수」와 「준비되었는가, 그렇지 못한가?」는
여러 차례의 게재 허가 협의 시도에도 불구하고 저작권자의 회신이 없어 임의 게재하였습니다.
추후 연락되는 대로 수록에 대한 책임을 다하겠습니다.

발행처 | 고즈윈
발행인 | 고세규
신고번호 | 제313-2004-00095.호
신고일자 | 2004. 4. 21.
(121-819) 서울특별시 마포구 동교동 200-19번지 501호
전화 02)325-5676 팩시밀리 02)333-5980

값은 표지에 있습니다.
ISBN 978-89-91319-03-5 03400

고즈윈은 항상 책을 읽는 독자의 기쁨을 생각합니다.
고즈윈은 좋은책이 독자에게 행복을 전한다고 믿습니다.

자신 안에 갇혀 있는
지식인에게 던지는
과학논객들의 제언

새로운 인문주의자는
경계를 넘어라

오세정 이필렬 이상욱 이인식 최경희 황상익 백욱인 박병상 송성수

고즈윈
God'sWin

경계 너머에는 분명 미지의 세계가 있다.
알지 못하는 그곳은 아직 풍요로운 세계다.

학문의 경계를 허물고 참된 지식인으로

영국의 과학자이자 작가인 찰스 스노우는 1959년 케임브리지 대학에서 행한 '두 문화와 과학혁명'이라는 제목의 유명한 강연에서, 현대 사회는 과학적 문화와 인문적 문화 사이의 단절이 매우 심각하며 이러한 현상은 정상적 사회발전에 치명적인 장애가 되고 있다고 설파하였다. 예를 들어 과학자들은 역사와 문학 등 고전에 대한 지식이 매우 부족하고 그 필요성조차 잘 느끼지 못하며, 반대로 인문사회 분야의 지식인들은 "열역학 제2법칙을 아는가?"라고 물어보면 부정적이고 냉소적으로 반응한다는 것이다. 대학에서의 교양교육이 가장 충실하다고 알려진 영국에서도 이러할진대 한국에서의 실정은 더욱 말할 나위가 없을 것이다. 실제로 우리나라 정치가나 관료들 대부분은 "나는 과학에 대해 잘 모르지만……"이라고 말하면서도 전혀 부끄러워하는 기색이 없다. 현대 사회의 발전을 이끌어가는 힘이 과학기술임은 이미 잘 알려진 사실인데, 이에 대한 이해가 없으면서도 사회의 지도층으로 나서겠다는 무식한 용기가 두렵기까지 하다. 학문을 업으로 삼는 인문사회 분야의 학자들은 이들보다는 한결 낫지만, 그래도 과학에 대한 이해 부족으로 급속히 변화하는 '현대'의 인간과 사회를 보지 못하고 '과거'의 규격화된 틀을 답습하고 있는 것은 아닌지 우려된다. 우리가 살고 있는 사회의 중요한 이슈와 변화 방향을 제대로 포착하지 못할 때, 그 학문에 대한 관심이 줄어들고 학문후속세대를 자원하는 젊은이가 없어지는 것은 당연하다. 오늘날 한국 인문학 위기의 주된 원인이 혹시 여기에 있는 것은 아닌지 짚어볼 만하다.

　과학기술자 또한 닫힌 한쪽 세계에 살고 있기는 마찬가지다. 사회의 중요한 이슈가 생겼을 때 지식인으로서 최소한의 역사의식과 사회의식이 부족하기에, "다른 사람들이 알아서 결정하겠지." 혹은 "나는 전공만 잘 하면 돼." 하는 식으로 책임을 회피하는 경우가 적지 않은 것이다. 심지어 자기 자신의 연구결과가 사회적으로 중요한 영향을 미치는 경우에도 적당히 회피하고 넘어가려 한다. 예를 들어 2차 세계대전 당시 원자폭탄 개발에 참여한 과학자들은 원폭 투하의 엄청난 참상을 예측했지만, 폭탄의 사용은 자신들이 결정할 사항이 아니라는 핑계로 대부분 그 윤리적인 측면을 애써 외면하려 하였다. 물론 전쟁 중 최종결정권자는 대통령이지만, 그 참상의 규모를 짐작하고 있던 과학자들이 자기 일처럼 진지하게 고민하고 사용 여부에 대해 좀더 적극적으로 자신들의 목소리를 내야하지 않았을까. 중대한 의사결정은 다른 사람에게 맡기고 자신들은 단순히 기술만을 제공한다는 의식을 가지고서는 사회에서 책임 있는 구성원이 되지 못할 것이다. 특히 과학과 공학의 연구결과가 바로 사람들의 일상생활에 영향을 미치게 되는 일이 점차 많아지는 21세기에 과학기술자들의 이러한 태도는 사회적으로 심각한 재앙을 불러올 위험성마저 있다.

사실 그동안 과학자들은 "과학기술 자체는 가치중립적이며, 누가 어떤 목적으로 쓰느냐에 따라 선악(善惡)이 결정된다."는 논리 뒤에 숨어서 가능한 한 가치 판단을 회피해온 것이 사실이다. 그러나 과학기술이 사회에 미치는 영향이 점점 커지고, 기초연구와 응용연구 사이의 벽이 무너지는 상황에서 이러한 논리는 공허해지고 있다. 한 예로서 생명복제의 어떤 기술이 심각하게 악용될 가능성이 눈에 보일 때, 가치판단은 윤리학자나 법률가의 일이라고 하면서 그 기술을 계속 발전시키는 것이 책임 있는 과학자가 취할 태도라고 할 수 있을까. 이처럼 앞으로는 과학자들 자신이 주인의식을 가지고 가치 판단을 해야 할 일들이 많아질 것이므로, 연구현장에서 부딪치는 윤리적 문제에 현명하게 대처하고 한 사람의 시민으로서 사회 문제 해결에도 기여하는 진정한 엘리트가 되기 위해 미래의 과학자들은 관심분야를 넓게 갖고 과학적 능력과 함께 역사와 철학 등 인문사회적 소양을 쌓는 것이 필요하다.

앞으로 발전될 21세기 과학기술사회에서는 인문사회와 과학기술 간의 경계를 허물고 양 진영의 연구자들이 상호 교류하면서 자료와 인식을 공유하여야만 의미 있는 학문적 결과가 나오게 될 것이다. 아쉽게도 한국 지식계의 현 풍토는 학문간 경계가 너무 선명하고 분야간 영역 다툼이 치열하여 이러한 변화에 제대로 적응할 수 있을지 심히 우려된다. 특히 대학의 경직된 학과 체제는 학자들을 전통적 학문 영역에 붙잡아매어 두는 족쇄가 되고 있는 형편이다.

이 책은 지적 자유를 추구하는 이 땅의 참된 지식인과 학문후속세대에게 경계를 뛰어넘어 살아있는 학문을 하도록 독려한다. 각 분야를 대표하는 과학논객 7인이 전하는 참된 지식인의 의무와 권리에 귀기울여 실천의지를 되새기고 인류와 사회의 앞날을 함께 고민하는 참된 지식인으로 거듭나길 바란다.

2005년 9월
오세정 (서울대학교 자연대학장, 국가과학기술자문회의 위원)

| 차례 |

이필렬

서울대학교 화학과를 거쳐 1986년 베를린 공과대학 화학과를 졸업하고, 1988년 동대학에서 이학박사학위를 취득했다. 현재 한국방송통신대학에서 과학사 교수로 재직하고 있으며 시민의 힘으로 기후변화와 에너지고갈을 해결하기 위해 애쓰는 에너지전환 운동단체 '에너지대안센터'의 대표를 맡고 있다.
지은 책으로 『교양환경론』(1995) 『에너지 대안을 찾아서』(1999) 『에너지 전환의 현장을 찾아서』(2001) 『석유시대 언제까지 갈 것인가』(2002) 『과학: 우리시대의 교양』(2004) 등이 있으며, 옮긴 책으로는 『과학과 사회의 현대사』(1982) 『기술의 역사』(1992) 『지구 환경정치학』(1999) 『객관성의 칼날』(1999) 『바람과 물과 태양이 주는 에너지』(2004) 등이 있다.

1

담장 높은 인문학자의 연구실

_ 선을 넘어라, 인문학자여!

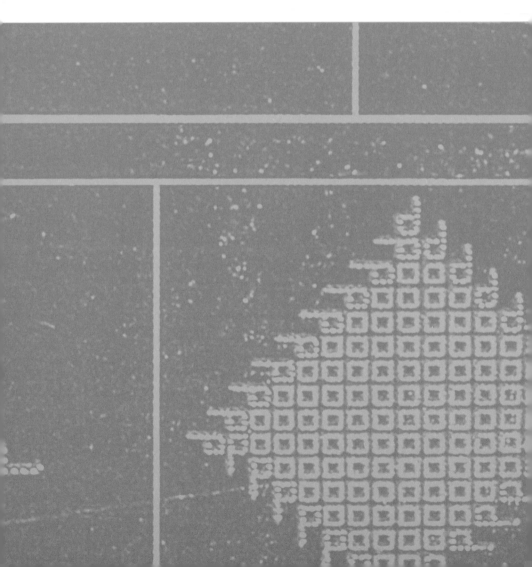

인문학자들 중에서도 스타가 나와야 한다. 그래야 인문학도
살고 우리 사회도 균형잡힌 사회가 될 수 있다. 현대 과학기
술을 인문학적 지식 속에 녹여서 현실적합성이 있는 활동을
벌이는 인문학 스타의 출현—너무 지나친 기대일까?

1

　2004년 봄 황우석 교수가 인간배아를 복제했다는 소식이 온
'대한민국'을 뒤흔들어 놓았을 때 한국의 인문학자들이 '인문학과
자연과학의 만남'이라는 토론회를 열었다. 정부로부터 한국의 인문
사회정책 수립을 위임받은 '인문사회연구회'의 학자들이 주최한 이
토론회에는 주제 발표자로 황우석 교수가 초대되었고, 두 사람의
초청토론자와 '인문사회연구회' 구성원들이 다수 지정토론자로 참
여하였다. 그야말로 한국의 '최고과학자'와 대표적인 인문학자들의
'만남'이었다. 시점도 주제도 그러한 만남을 위해서는 최고의 선택
이었다. 세계최초의 인간배아복제에 온 사회가 정신이 팔려 있던
때, 인문학자들의 '인문적인' 한마디 화두가 분위기를 반전시킬 수
있는 기회였다.

황교수는 자신의 배아복제, 줄기세포 연구와 무균돼지 연구에 대해 감성에 호소하는 특유의 설득력 있는 어조로 청중을 '매료' 했다. 그의 발표에 어김없이 등장하는 슈퍼맨, 척추마비 가수, 서울대 병원 휠체어 어린이의 간절한 호소도 소개되었다. 그는 내로라하는 인문학자들 앞에서 한국의 '최고과학자'로서 최선을 다한 셈이었다. 다음에 인문학자들의 토론이 시작되었다. 인간배아복제에 대한 인문적 시각의 날카로운 비판이 감성에 호소하는 자연과학을 단번에 찔러 들어가야 균형이 잡힐 터였다. 그러나 초청토론자를 제외한 다섯 명 인문학자의 토론은 추를 인문학 쪽으로 되돌려놓기에는 역부족이었다. 인간배아복제가 지닌 엄청난 인문학 요소들을 한두 개 건드리다 마는 꼴이었으니 판정은 자명한 것이었다. 어떤 인문학자는 황교수에게 감격에 겨운 찬사를 바치며 인문학자들의 수준을 적나라하게 드러냈다.

2

인간배아를 복제해서 줄기세포를 뽑아내는 일이나 무균돼지를 만들어서 그것의 장기를 사람에게 이식하는 일은 정말 엄청난 인문학적 논쟁거리를 안고 있다. 그렇다면 인문학과 자연과학의 만남에서는 적어도 어떤 문제들이 발생할 수 있는가에 대한 언급이 나왔어야 했다. 그러나 생명에 대한 관점, 정체성 문제, 생명을 살리기 위해서 생명을 파괴하는 일이 허용될 수 있는가 같은 학문적으로 심오한 논의들은 이루어지지 않았다. 인문학자들이 간단하게 떠올릴 수 있는 평범한 질문이 대부분이었다. 물론 이러한 질문도 토론을 매끄럽게 만들기 위해서는 필요하다. 그러나 적어도 한국을 대표하는 인문학자들이라면 좀더 깊은 논의를 끄집어내야 하지 않았을까?

생명을 살리기 위해서 생명을 파괴해도 되는가? 이 얼마나 중하고도 매력있는 주제인가? 도청으로 얻은 증거를 증거로 채택해도 되는가보다 훨씬 심오한 주제가 아닌가? 억압과 박해에 대한 최후의 저항수단으로 테러라는 방법을 사용하는 것이 정당한가와 맞먹는 주제가 아닌가? 그런데 도청과 테러에 대해서는 한국의 꽤 많은 인문학자들이 한마디씩 하는데, 이 문제에 대해서 정색을 하고 논의하는 인문학자는 거의 보지 못했다. 도청의 결과물이 증거로 채택될 경우 도청을 합법화하고 이는 민주주의 일반을 위협하는 결과를 가져오기 때문에, 도청의 내용이 아무리 중대하다 하더라도 도청결과를 증거로 인정해선 안 된다는 이야기는 심심찮게 나온다. 테러에 대해서도 출구 없는 피억압민중 최후의 메시지로 보아야 한다는 주장은 테러에 대한 논쟁이 벌어질 때 인문학자들의 입에서 거의 빠지지 않고 나오는 말이다. 그러나 이 같은 주제와 마찬가지로 근본적으로 수단과 목적의 관계를 따지는 주제인 생명을 살리기 위한 생명파괴에 대해서는 대체로 입을 다무는 이유가 어디에 있는가?

한국 인문학자들의 자연과학 이해수준은 그들이 인간배아복제에 대해 정곡을 찌르는 논의를 하지 못한다는 데서 분명하게 드

러난다. 하지 못하는 이유는 할 수 없어서이기도 하고 하려는 마음
이 없기 때문이기도 할 것이다. 그런데 그들은 바로 이 점이, 인간사
회와 정신세계를 뒤흔들지도 모를 사건에 대해 그들이 제대로 사고
하지 못한다는 이 사실이 한국사회를 지적인 빈곤 상태로 방치하
고, 일순간에 한쪽으로 쏠리게 만드는 데 일조한다는 것을 느끼고
있는지 모르겠다. 2005년 봄 황교수가 다시 인간배아복제의 결과물
을 들고 나왔을 때, 대통령을 비롯한 여야정치인부터 일반 서민에
이르기까지 전국이 또 한 차례 열광의 소용돌이 속에 빠져든 것이
바로 우리사회의 인문학적 균형감각의 결여 때문이라는 것은 금방
알아차릴 수 있다. 그러한 열광이 겉으로는 어떻게 포장되었든 경
제지상주의, 공격적 민족주의, 근대적 가치에 대한 무반성적 추종
에서 온 것임이 분명한데 이에 대한 언급이 거의 없음이 한국 인문
학의 현실이다.

3

　　몇 해 전까지 꽤 오랫동안 인문학 위기라는 말이 유행한 일이
있다. 지금은 식상했는지 시들해졌지만, 대신에 이공계 위기가 대
통령의 입에서까지 튀어나오는 유행어가 되었다. 인문학 위기를 어
떻게 봐야 할 것이고, 또한 위기를 어떻게 해결할 것인가에 대해서
다양한 의견도 제시되었다. 주된 의견은 인문학의 중요성을 국가와

시민이 너무 모른다는 것이었다. 맞는 말이다. 정신적인 교양이 사회의 버팀목이 되어줄 때 그 사회는 건전한 방향으로 나아갈 능력이 있기 때문이다. 인문학이 중요하다는 것을 부정할 사람은 별로 없을 것이다. 그러나 당시 인문학자들의 위기원인에 대한 진단은 사람들의 마음에 와닿는 호소력 있는 것이 아니었다. 해결책으로 제시된 것도 구차스러운 것이었다. 상당수의 인문학자들은 학문도 시장에서 거래되고 시장가치가 없으면 퇴출되어야 한다고 주장하는 극단적 시장주의의 득세 속에서, 정부의 신자유주의 교육정책에서, 모든 것을 돈으로 환산하고자 하는 우리사회의 경박성에서 인문학 위기의 원인을 찾았다. 사람들이 인문학보다 더 중요한 것이 있다고 생각하고 그렇기 때문에 인문학을 무시하는데도, 해결책으로 제시된 것은 대부분 고작 지원을 더 늘리라는 것이었다. 지원을 늘려서 인문학 하는 사람들이 경제적인 혜택을 좀더 받게 되면, 인문학 쪽으로 향하는 사람의 수가 늘어나리라는 기대에서였다. 인문학도 경제적 가치를 충분히 갖고 있다는 주장을 하며 인문학에 대한 경시를 부수려는 시도도 있었다. 정보통신기술이든 애니메이션이든 폭넓은 인문교양, 인문학적 상상력이 없이는 금방 밑천이 드러나게 마련이라는 것이 논거였다.

인문학은 여러 학문분야 중에서 자본의 압력으로부터 가장 자유로울 수 있는 분야이다. 과학기술이 자본에의 종속에서 벗어나는 것이 거의 불가능하다는 것을 생각하면 인문학은 정말 행복하다고 할 수 있다. 현대 과학기술은 16, 17세기 근대과학이 태동할 때까지도 가지고 있던 인문적 정신을 완전히 상실했다. 그 활동 속에는 성찰적인 이성은 없다. 현대 과학기술은 오직 도구적인 이성에만 따를 뿐이고, 그럴 수밖에 없다. 세상 사람들에게 과학기술은 정신을 풍요롭게 하는 활동이 아니다. 사람들은 과학기술이 어떻게 살아갈 것인가에 대한 조언을 제공하리라는 기대는 전혀 하지 않는다. 세상 사람들에게 과학기술은 물질세계를 풍부하게 만들어주는 활동일 뿐이다. 그러므로 과학기술을 판단하는 가장 중요한 기준은 물질적인 성과물이다. 과학기술은 결국 생산을 통해서 이윤을 창출하는 기업체와 비슷한 활동으로 받아들여지고 실제로 그렇게 행해지는 것이다.

기업체에서 개인의 자유로운 활동이 가능할 수 없듯이, 현대 과학기술에도 자유로운 개인의 활동이 들어설 여지는 거의 없다. 소위 순수과학이든 응용과학이든 공학이든 참여자들의 조직적인 움직임과 연구 설비들의 도움이 없이는 연구가 불가능하고, 이들 조직과 설비의 운영에는 막대한 돈이 투입된다. 그렇다면 현대 과학기술은 언제나 많은 돈이 확보되어야만 이루어질 수 있는 것이고, 이 돈의 원천은 근본적으로 자본이 될 수밖에 없다. 물론 국가가 돈을 대기도 한다. 그러나 국가에서 돈을 제공하면서 기대하는 것도 자본의 기대와 다를 바 없다. 자본은 돈을 제공한 대가로 당연히 기술적인 성취를 기대한다. 그 성취가 자본에 직접적인 이득을 주지 않는다 해도 말이다. 마찬가지로 국가에서도 많은 돈을 지원하면 그만큼 많은 결과물을 기대하고, 이 결과물이 다시 많은 돈을 만들어내리라는 기대를 하는 것이다. 물론 국가는 인문학에도 돈을 제공한다. 그렇지만 과학기술의 경우와 달리, 물질적인 기대는 거의 하지 않는다. 없어지는 것이나 마찬가지의 돈이라고 생각하지 투입한 돈보다 더 많은 돈이 나오리라는 생각은 조금도 하지 않는다. 인간배아복제와 줄기세포 연구에 수백억 원을 지원하면서 수조 또는 수백조의 효과를 내놓으리라는 것과 같은 기대는 추호도 없는 것이다.

그러므로 과학기술 활동에 종사하겠다고 작정한 사람은 그때부터 이미 자본에 종속되는 셈이다. 이공계의 근원적인 위기는 바로 여기에서 찾을 수 있다. 자본이 국가보다 더 강한 힘을 휘두르게 된 이 시대, 그리고 국가가 자본의 작동원리를 배우려 하고 실제 자본의 하위 파트너처럼 되어가는 이 시대에는, 과학기술자들이 처음부터 자본에 붙잡혀서 빠져나갈 수 없다는 데 위기의 근원이 놓여 있는 것이다. 과학기술자들이 이공계 위기를 이야기한다면, 두 가지 이야기밖에 나올 수 없다. 하나는 자본(+국가)이 그들의 자유를 너무 옥죈다는 것이고, 다른 하나는 그들에 대한 자본(+국가)의 대우가 나쁘다는 것이다. 그런데 과학기술이 자본으로부터 벗어날 수 없는 한 둘은 동일한 이야기다. 자본과 대항해서 해방의 싸움을 벌이는 것이 아니라 자본을 향해서 불평을 늘어놓는 것일 뿐이기 때문이다.

이공계 위기라는 유행어가 불평 이상이 아니라는 것은 해법으로 제시되는 방안에서도 금방 드러난다. 인문학 위기를 이야기할 때 종종 등장하는 삶의 방향, 정신적 가치, 고유한 학문, 주체적인 학문에 대한 언급은 일체 없다. 모든 이야기가 돈으로 귀결된다. 이공계 위기가 경제에 타격을 줄 것이기 때문에, 장학금을 늘리고 병역특례를 확대하고 연구비를 늘리고 연구원의 처우를 개선해야 한다는 것이 해법의 핵심이다. 현대 과학기술이 자본에 더욱 심하게 종속되어 간다는 것이 바로 위기의 근원이라는 인식은 아예 찾아볼 수 없다. 당연히 이 종속성을 어떻게 볼 것인지, 어떻게 벗어날 것인지에 대한 논의도 없다.

인문학이 과학기술보다 행복한 것과 마찬가지로, 인문학 위기도 이공계 위기보다 훨씬 편한 상태에서 당당하게 논의될 수 있다. 돈으로 축소되는 협애한 이공계 위기 논의보다 인문학 위기는 개인의 삶에서 시작해서 사회와 세계가 움직여가는 방향에 대한 논의로, 즉 근본적인 논의로 뻗어갈 수 있기 때문이다. 그런데 현대사회에서 인간의 삶은 어떠한가? 인문학에서는 종종 내면의 삶에 대해서, 정신영역의 중요성에 대해서 강조하지만, 삶의 내적인 면과 외적인 면은 분리되기 어려운 것이다. 문명으로부터 고립되어 살아가지 않는 한, 삶은 각종 사회현상과 그 사회현상을 실어나르는 각종 과학기술적 산물의 영향을 받을 수밖에 없다.

4

현대사회의 외형을 규정하는 것은 과학기술이라 할 수 있다. 과학기술은 도처에 존재한다. 먹든, 자든, 이동하든, 어느 경우든 과학기술이 동반되지 않는 적은 거의 없다. 그렇다면 우리 삶은 과학기술에 의해서 상당 부분 규정되는 것이고, 내적인 영역까지도 영향을 받는 것이다. 과학기술이 인간의 내면적 삶에까지 영향을 미친다면 이러한 과학기술의 작용은 당연히 인문학의 고려 대상이 되어야 한다. 만일 인문학에서 과학기술이 무시된다면 인문학은 절름발이가 될 것이다. 인간배아복제와 줄기세포 연구에 대한 인문학자들의 반응을 보면 한국의 인문학은 절름발이처럼 보인다. 그들에게 그런 이야기는 자신의 영역으로부터 멀리 떨어진 다른 세계의 것일 뿐이다.

인문학자들은 인간이 어떻게 살 것인가에 대해 인문학이 조언해줄 수 있어야 한다고 이야기한다. 조언을 제대로 하려면 현재의 인간 삶에 대한 고찰이 먼저 이루어져야 한다. 그런데 현대인의 삶이 도처에 존재하는 과학기술로부터 벗어날 수 없다면, 과학기술의 성격에 대한 파악은 인간 삶의 파악을 위해 필수적인 것이 된다. 인문학에서도 과학기술을 조금 멀찍이서 바라보고 그 움직임을 이해하려는 노력을 보여야 하는 것이다.

인문학자들도 그러한 노력이 필요함을 자각하는 것 같기는 하다. 2004년 '인문학과 자연과학의 만남'이란 토론회를 개최한 바로 그 '인문사회연구회'에서 같은 해에 발간한 연구보고서에 학제간 연구를 강조하는 대목이 나오기 때문이다. 연구진은 "학제간 연구는 인문학이 보다 높은 현실적합성을 가지면서 사회과학, 자연과학과 함께 더 높은 수준의 발전을 이루는 데 도움을 준다."고 말함으로써 인문학도 자연과학을 이해하고 흡수해야 발전한다고 주장했다. 인문학은 사회과학과는 공유하는 부분이 꽤 있다. 그러나 자연과학과는 그렇지 않다. 그런데 자연과학까지도 조망하는 능력이 있어야 현실적합성을 갖는다고 인문학자들 스스로 인정하지 않는가?

인문학자들이 자연과학을 어느 정도라도 조망하기가 쉬운 일은 아니다. 그런 까닭에 학제간 연구나 자연과학의 자양분을 빨아들여야 한다고 말하면서도 실제로는 그렇게 하지 못한다. 인문학자들 중에는 화학이나 물리가 싫어서 인문학을 택한 사람도 많다. 과학을 들여다보는 것 자체를 꺼리는 인문학자들이 많은 것이다. 그렇다면 이들은 인문학자들 스스로 평가한 대로 현실적합성을 지닌 학문을 하기 어렵다. 전쟁과 평화에 대해 현실적합성이 있는 이야기를 하려면, 모든 전쟁은 누구의 잘잘못에 상관없이 전쟁참가자들의 인간성을 파괴하기 때문에 전쟁이 일어나선 안 된다는 식의 논의로는 부족하다. 핵무기를 비롯한 현대의 가공할 무기들이 어떻게 작동하고 어떤 결과를 가져오는지 파악해야만 전쟁에 관한 인문학자의 이야기가 깊어질 수 있고, 현실적합성을 가질 수 있는 것이다.

한국의 사회과학자와 인문학자들은 대부분 핵무기를 어떤 추상적인 대상처럼 생각하는 경향이 있다. 이는 북한의 핵무기 개발을 보는 태도에서 꽤 잘 드러난다. 여기서 핵무기는 가공할 무기가 아니라 하나의 협상카드로 여겨진다. 그것이 사용되었을 경우 어떤 참혹한 결과가 발생할 것인가에 대해서는 크게 관심이 없다. 그들의 관심과 논의는 주로 민족과 국가 간의 관계를 중심으로 하는 것이다. 그런데 핵무기에 대한 기술적인 관심과 지식이 여기에 더해 진다면 논의는 훨씬 깊어질 것이다. 핵무기 사용의 결과를 제대로 파악한다면, 평화가 반드시 유지되어야 한다는 신념이 생길 것이고, 이 신념의 바탕 위에서 전쟁, 남북관계, 북미관계에 대해 깊이 있는 논의가 나올 것이기 때문이다.

여론조사 때마다 남한이 핵무기를 보유하는 것이 좋다는 것에 국민 다수가 찬성하는 것이나, 더 나아가서는 북한의 핵무기 보유 까지도 상당수가 찬성하는 것은 모두 인문학의 과학기술에 대한 성찰이 부족한 탓이다. 핵무기를 보유하면 국제사회에서의 위상이 높아진다고 믿는 대다수 국민은 핵무기 사용이 가져올 결과는 논의에서 제외하고 국제사회의 힘의 논리 속에서 핵무기의 역할만을 고려하는 인문사회과학자들의 생각을 그대로 따르는 것이다. 핵무기 보유가 과연 국가위상을 높여주는지도 크게 의문이다. 예를 들어 파키스탄이 핵무기를 개발한 후에 국가 위상이 높아진 것 같지도 않은데, 한국에서 핵무기 보유를 국가 위상과 자꾸 연결해서 보는 이유는 미국에 대한 반감을 객관적인 사실판단으로부터 분리하지 못하기 때문이다. 2004년 원자력연구소에서 플루토늄과 금속우라늄을 추출했을 때 이에 대한 비판은 거의 나오지 않고 주로 민족주의적인 관점에서 사건이 다루어진 것도 그렇다. 핵무기의 과학기술에 대해 조금이라도 이해한다면 핵무기 개발을 반드시 반대할 것이고, 따라서 플루토늄과 금속 우라늄의 추출도 당연히 비판했을 터인데, 과학기술에 대한 이해부족이 민족주의의 기승을 조장한 것이다.

과학기술에 대한 소양 부족이 사회전체에 초래하는 불균형의 사례는 더 있다. 수소경제에 대한 논의에서도 인문학자나 사회과학자들의 침묵 또는 동조는 사람들을 혼란스럽게 만드는 데 일조한다. 환경운동가 중에서도 수소가 환경문제를 해결해줄 것이라는 믿음을 가진 사람들이 있을 정도로 수소는 혼란을 주는 소재이긴 하다. 그러나 인문학자든 환경운동가든 두 경우 모두 과학기술에 대한 소양 부족이 그러한 결과를 낳는다는 것은 분명하다. 과학을 대학입시용의 한시적 지식이 아니라 조금이라도 관심을 갖고 배운 사람이라면, 수소가 하늘에서 떨어지는 것이 아니라는 사실은 안다. 이들은 물을 전기분해해서 수소를 만든다는 것도 대체로 알 것이다. 그렇다면 먼저 전기를 만들어야만 수소를 만들 수 있다는 것은 금방 드러나는 사실이 아닌가? 화석연료든 원자력이든 태양에너지든 에너지가 있어야 수소를 만들 수 있는 것이다.

　　대부분의 인문학자들은 수소경제를 둘러싼 혼란이 그들이 관여할 바가 아니라고 생각할 것이다. 그것은 과학기술자들과 정책입안자들의 몫이라고 생각하고 아마 그들의 주장을 그대로 받아들이는 쪽으로 기울 것이다. 그러나 빠르게 진행되는 전지구적인 기후변화와 석유자원 고갈의 심각성을 고려하면, 수소경제가 기후변화와 에너지고갈을 해결하리라는 주장을 그대로 수용하는 것은 병든 사람이 서서히 독이 퍼지는 독약을 영약으로 알고 삼키는 것과 같다. 이 경우 독이 완전히 퍼질 때까지는 병이 나았다고 생각하거나 병이 나아간다고 생각하기 때문에 즐거운 삶이 가능하다. 그러나 독이 퍼지면 그때는 어떤 처방도 듣지 않는다. 죽는 일밖에 남지 않는 것이다. 수소경제는 바로 그러한 독약과 같은 것이다. 영약인 줄 알고 삼키게 한 후 병에 대해 완전히 잊게 만드는 독약과 같은 것으로, 사람들로 하여금 기후변화와 에너지고갈에 대해서 아무런 대비도 못하게 하는 것이다. 그런데 인문학자들의 임무는 사회에 약간은 '예언자'적인 경고의 소리도 던지는 것이 아니던가?

수소경제는 사회를 또다시 한쪽으로 크게 쏠리게 만드는 담론이다. 말할 것도 없이 이러한 담론은 대단히 위험하다. 따라서 진정으로 인간과 사회에 대해 현실적합성 있는 논의를 내놓으려는 인문사회과학자들이라면 당연히 수소경제 담론에 담긴 음험함을 지적해야만 한다. 그럴 수 있으려면 물론 수소의 성질, 수소생산 방식, 수소 이용기술 등에 대해 어느 정도의 지식은 가지고 있어야 한다. 이러한 지식을 인문적 정신과 융합시켜 사회에 대해 경고의 메시지를 던져야 하는 것이다. 그래야만 '인문사회연구회' 보고서에서 지적되었듯이 "수많은 정보들만 바다를 이뤄 흘러갈 뿐 지식으로 재가공되지 못한 채 폐기되고, 구체적 현실분석에서 출발하지 않은 탓에 사회적 복잡성의 증대에 대처능력을 상실"한 인문학자들의 양산을 막을 수 있다.

현실적합성의 결여란 우리시대의 '예언자'들이라 할 수 있는 시인들의 생태시(문학)에서도 발견된다. 생태시는 인문학자와 평론가들이 붙이는 이름으로, 현대 과학기술과 관련이 없지 않은 시이다. 최근 몇 년 사이에 생태시로 불리는 시를 쓰는 시인이 크게 늘어났고, 이들 시에 대한 평론과 논문도 쏟아져나오고 있다. 생태시는 마치 시의 유행처럼 되었다. 그런데 생태시나 이에 관한 글 속에서 정작 현대 과학기술과 관련된 이야기는 찾아보기 어렵다. 대부분의 생태시가 자연을 소재로 삼은 내용을 담고 있을 뿐, 과학기술을 이용한 개발에 대해서 우려의 목소리는 거의 내지 않는다. 예를 들어 나무가 우리에게 주는 푸근함이나 나무를 자를 때 느끼는 아픔에 대해서는 노래하지만, 나무와 기후변화의 관계는 노래하지 않는 것이다. 서울에서 하늘로 뻗어오르는 대나무를 소재로 삼은 시는 생태시로 평가받을지 모른다. 그러나 이 시가 기후변화를 이야기하지 않는다면 실제로 이 시는 반생태시이다. 만일 이 시를 생태시로 평가하는 인문학자나 평론가가 있다면, 이들은 그들의 글에서 종종 강조되는 생태적 감수성과는 거리가 먼 사람들이다. 서울에서 자라는 대나무는 기후변화의 산물이다. 그러므로 시대의 아픔을 노래하는 '예언자'적 시인이라면 서울에서 대나무가 시원스럽게 하늘로 올라가는 것을 가슴 아파해야 한다. 시인이 그것도 모르고 서울의 대나무를 노래했다면, 인문학은 그걸 꾸짖고 바로잡아주어야 한다.

생태적 감수성이란 습득되는 것이다. 어려서부터 자연의 리듬에 맞추어서 살아온 나이든 농부는 살아오는 가운데 생태적 감수성을 터득했을 것이다. 그는 24절기에 맞추어서 씨를 뿌리고 추수를 한다. 언제 어떤 식물이 싹을 틔우는지, 작물의 북방한계선이 어디인지 잘 안다. 대나무는 대전 아래에서만 산다는 것도 안다. 당연히 그는 서울에서 커가는 대나무 앞에서 무언가 잘못되었음을 직감한다. 농부 중에도 생태적 감수성이 없는 농부가 있다. 자연의 리듬과 상관없이 비닐하우스에서 농사를 짓고, 농약과 비료와 기계에 의존하는 농업을 하는 농부의 경우 생태적 감수성이 길러질 수 없다. 이러한 농부는 기후변화와 농약의 해로움에 대해서 공부해서 이해하고 난 다음에라야 생태적 감수성을 얻을 수 있다. 시인과 시에 대해 연구하는 인문학자도 마찬가지다. 기후변화가 왜 일어나고 어떤 무서운 결과를 가져올 것인지 배워서 알아야만 진정한 생태적 감수성이 습득되는 것이다. 그때 비로소 시인은 나무를 자르는 것이 전지구의 운명과 연결되어 있음을 알게 되고, 구제역에 걸린 돼지를 산 채로 매장하는 것에 대해 분노할 뿐 아니라 인간의 식습관에 대해 경고의 목소리를 낼 수 있게 된다.

　　과학기술 이해는 원자력과 핵폐기물에 대한 접근에서도 중요하다. 방사능은 눈에 보이지 않는다. 방사능의 피해는 서서히 나타난다. 그러므로 방사능에 관한 과학기술을 제대로 알지 못하면 원자력발전과 핵폐기물이 어떤 심각한 결과를 초래하는지 느낄 수 없다. 문인들이 종종 정부에서 돈을 대는 해외 원자력탐방에 기꺼이 참여하는 것은 잘 알지 못하기 때문이다. 2004년 초 수십 명의 서울대 교수가 관악산에 핵폐기장을 건설하자고 했을 때 인문학 교수들이 소신있게 비판하지 못한 것도 그런 이유에서였을 것이다. 인문학 교수 중에 진정 방사능의 위험을 아는 사람이 있었다면 그는 당당하고 분명하게 반대했을 것이다. 그러나 대다수의 인문사회분야 교수들은 그게 아니라고 생각하면서도 선뜻 나서지 못했다. 방사능의 위험에 대해서 잘 모르기 때문이다. 자기 자신과도 관련이 있는 문제에 대해 현실적합성이 아주 강한 발언을 할 기회를 이용하지 못한 것이다.

5

인문학자들이 과학기술에 대한 어느 정도의 이해만 갖추면 그들의 논의는 매우 풍성해질 수 있다. 원자력과 환경문제에 대해서 그들도 주도적인 발언을 할 수 있다. 이러한 과정을 통해서 사회에 널리 알려진 스타 인문학자가 등장할 수도 있다. 한국의 학자 중에서 가장 유명한 사람은 황우석 교수이다. 그는 단지 다른 과학기술자들이 꺼리는 인간배아복제에 '용감하게' 달려들어서 성공했다는 이유 때문에 스타가 되었다. 그런데 우리 사회에 진정으로 필요한 학자는 인간배아복제에 대해서, 원자력발전에 대해서, 기후변화에 대해서 깊은 인문학 지식을 바탕으로 발언하는 인문학자이다. 그래서 유럽 국가에서와 같이 철학자가 원자력발전 검토위원회의 위원장을 맡고, 신학자가 미래 에너지정책 위원회의 위원장을 맡는 일이 생겨야 하는 것이다. 물론 이들은 당연히 원자력과 기후변화에 대해서 상당한 수준의 이해를 가지고 있다. 이 정도의 이해가 어려운 일인가? 어려울 것이라 생각하고 시도하지 않으면 아주 어렵다. 그러나 인문학 논의를 풍성하게 하고 현실적합성 있는 발언을 할 작정을 한다면 특별히 어려울 것이 없다. 그런 마음가짐이라면 약간의 어려움이야 충분히 뛰어넘을 수 있는 것이다. 인문학자들 중에서도 스타가 나와야 한다. 그래야 인문학도 살고 우리 사회도 균형잡힌 사회가 될 수 있다. 현대 과학기술을 인문학적 지식 속에 녹여서 현실적합성이 있는 활동을 벌이는 인문학 스타의 출현—너무 지나친 기대일까?

| 참고문헌 |

• 박성수 외, 인문정책연구총서 2004-01: 21세기 인문지식환경의 변화에 따른 지식
공유체계의 재정립 및 활성화 방안 -인문과학의 개방-, 인문사회연구회, 2004

이상욱

대학에서 물리학을 전공하고 양자적 혼돈현상에 대한 연구로 석사학위를 받은 후, 과학사 및 과학철학 협동 과정으로 옮겨 과학철학 박사과정을 수료했다. 런던대학교에서 자연현상을 모형을 통해 이해하려는 여러 방식에 대한 논문으로 박사학위를 받았고, 이 논문으로 2001년 로버트 맥켄지 상을 수상했다. 그 후 런던정경대학 철학과에서 객원교수로 활동하다 현재는 한양대학교 철학과 교수로 재직 중이다.

지은 책으로는 『과학기술의 철학적 이해』(공저, 2003), 『한국의 교양을 읽는다』(공저, 2003), 『뉴턴과 아인슈타인: 우리가 몰랐던 천재들의 창조성』(공저, 2004) 등이 있다.

소칼의 목마와 낯선 문화 익히기

_ 과학전쟁의 역사와 미래

1. '과학전쟁'이란 무엇인가?

1996년 5월 뉴욕대학의 수리물리학자 앨런 소칼(Alan Sokal)은 어느 학술지를 상대로, 보는 시각에 따라 괘씸하거나 통쾌하게 여겨질 수 있는 감쪽같은 속임수를 성공시켰다. '소칼의 속임수(Sokal's Hoax)'는 일파만파로 수많은 대응과 논쟁을 불러일으켰는데, 이것이 후일 '과학전쟁(Science War)'으로 알려지게 된 사건이다. '과학전쟁'은 원래 출발지였던 미국을 넘어 유럽과 인도에도 급속도로 파급되었는데, 온라인을 통해 국제적 논쟁이 매우 빠른 속도로 이루어질 수 있게 되었다는 사실이 큰 몫을 했다. 우리나라에서도 1998년 3월 〈교수신문〉의 논쟁과 2000년 12월 한림대에서 한국과학철학회 주최로 열린 '과학전쟁' 대토론회 등을 통해 비교적 차분하게(?) 진행되었다.

도대체 '과학전쟁'이 어떤 전쟁이기에 사상자도 없이 '차분하게' 진행될 수 있었던 것일까? 과학전쟁은 과학지식을 사용하여 전쟁을 수행한 것도 아니었고(어차피 대부분의 현대전은 이런 의미에서는 이미 과학전쟁이므

앨런 소칼(Alan Sokal)

로 특별할 것이 없다.), 스파이 영화에 종종 등장하듯 특급기밀의 과학 내용을 놓고 전쟁을 벌인 것도 아니었다. 과학전쟁은 과학지식의 성격과 과학연구의 본질을 놓고서 자연과학자, 사회과학자, 인문학자 등이 다양한 의견을 개진하면서 벌인 일종의 국제적 학술토론이었다. 학술토론에 '전쟁'이란 극단적 표현이 사용된 이유는 우선 이 논쟁이 대략 자연과학자를 한 축으로 하고 사회과학자 및 인문학자를 다른 축으로 하는 대결구도로 진행되었고, 또 상대방의 연구 분야에 대한 극도의 폄하와 인신공격이 난무했기 때문이다. 게다가 프린스턴 고등학술원 교수직에 응모했다가 그가 '반과학적'이라고 생각한 물리학자 와인버그(Steven Weinberg)의 방해로 결국 탈락한 과학사학자 노턴 와이즈(Norton Wise)처럼 분명히 확인할 수 있는 전쟁의 피해자도 있었다. 이는 일찍이 스노우가 지적했던 '두 문화(Two Cultures)' 사이의 차이와 대립이 적대적 방식으로 표출된 것으로 볼 수 있다.

상황을 간단히 정리하자면 다음과 같다. '소칼의 속임수'란 소칼이 포스트모더니즘 계열의 여러 학자가 과학에 대해 쓴 글을 그럴듯하게 짜깁기해서 엉터리 논문으로 만든 뒤 그것을 〈소셜 텍스트(Social Text)〉라는 문화학(cultural studies) 계열의 학술지에 투고하여 출판시킨 다음 이 사실을 〈링구아 프랑카(Lingua Franca)〉라는 다른 인문학 잡지에 폭로한 것을 가리킨다. 그는 〈소셜 텍스트〉에 실은 「경계를 벗어나서: 양자중력의 변환 해석학을 향하여(Transgressing the Boundaries: Towards a Transformative Hermeneutics of Quantum Gravity)」라는 거창한 제목을 단 논문에서 물리학자인 자신이 보기에 라캉(Jacques Lacan), 들뢰즈(Gilles Deleuze), 크리스테바(Julia Kristeva), 라투르(Bruno Latour)와 같은 저자들의 저술이 중력에 대한 최신 물리학 이론의 핵심을 정확하게 짚어냈다고 주장했다. 그런 다음 〈링구아 프랑카〉에 기고한 논문에서 자신이 언급한 이들 저자들이 과학 전문용어를 그 정확한 의미도 모른 채 마구 사용하며, 터무니없는 결론을 이끌어낸다고 생각한 문장만으로 〈소셜 텍스트〉 논문을 짜깁기했다고 밝힌 뒤, 왜 그 문장들이 터무니없는지를 조목조목 따져나갔다. 소칼이 보기에 자신의 엉터리 논문이 〈소셜 텍스트〉에 실릴 수 있었다는 사실은 포스트모더니즘 계열 학문의 수준이 얼마나 형편없는지를 분명하게 보여준 것이었다.

소칼의 속임수에 대한 반응은 즉각적이고 뜨거웠다. 평소에 포스트모더니즘 계열 글의 난삽함에 질려 있던 사람들은 '그것 참고소하다'는 식의 반응을 보였고 더 나아가 과학을 잘 모르는 인문사회학자들이 과학에 대해 이러쿵저러쿵 하는 것은 자신이 잘 모르는 분야에 대한 근거 없는 혐오감을 표시한 것에 지나지 않는다고 주장했다. 이런 입장에서 보면 소칼의 속임수는 '벌거벗은 임금님'의 진실을 일종의 트로이의 목마를 사용하여 만천하에 드러낸 사건이었다. 트로이 사람들이 아테네 연합군이 패해 돌아간 것으로 알고 으쓱한 마음에 목마를 자신의 성안으로 들여와 잔치를 벌이다가 결국 멸망하고 말았듯이, 포스트모더니즘 계열의 과학학 연구자들은 포스트모더니즘이 자신의 연구 분야에 지대한 영향을 끼쳤다는 한 물리학자의 주장에 고무되어 '소칼의 목마'를 자신들의 저널에 실었다가 큰 낭패를 본 셈이었다.

　한편 소칼이 속임수를 사용한 방식이 비열했음을 비판하는 목소리도 높았다. 소칼의 논문은 '과학전쟁'을 주제로 한 〈소셜 텍스트〉의 특집호에 실렸는데, 이 논문은 과학에 대한 인문사회과학적 분석을 담은 다른 논문들에 대해 인문사회과학에 대한 과학자의 시각으로 균형을 잡아줄 것으로 기대되었다. 이 특집호는 대부분의 학술지가 채택하고 있는 동료학자들에 의한 논문심사(peer review)를 하지 않고 편집위원의 토의를 거쳐 논문의 채택여부를 결정했다. 토의 과정에서 소칼의 논문이 너무 난해하여 무슨 주장을 하는지 도통 알 수 없다는 점이 지적되었고, 편집위원회는 소칼에게 논문의 상당 부분을 수정해달라고 요구했다. 하지만 자신의 글이 특별히 형편없는 상태로 출판되기를 원했던 소칼은 한 글자도 바꿀 수 없다며 이 요구를 거절했다. 이처럼 자신이 못마땅하게 생각하는 견해에 대해 진지한 학술토론 대신 치사한 속임수로 공격한 소칼을 두고 인문학에 대한 이해가 부족한 '철모르는' 과학자가 또 사고를 쳤다는 식의 평가도 나왔다. 소칼의 속임수에 대한 이런 감정적인 초기 대응은 소칼이 자신의 웹페이지에 모아놓은 글에도 잘 나타나 있다. 우리나라에서 벌어진 '과학전쟁'도 초기에는 이런 양상을 띠었다.

그러나 양측 모두 상황이 실제로는 그렇게 간단하지 않음을 차츰 깨닫게 되었다. 우선 소칼은 벌거벗은 채로 거들먹거리며 걷는 임금님을 당황하게 만든 순진한 소년이 아니었다. 그는 포스트모더니즘의 언어유희에 빠져 사회개혁과 같은 실천적 문제에서 멀어져버린 젊은 좌파들에게 우리의 급박한 문제를 해결해줄 수 있는 과학의 객관적 진리를 부정하지 말라고 경고하는 정통(?) 좌파로서의 의도를 분명히 가지고 있었다. 또한 소칼의 엉터리 논문이 학술지에 버젓이 실렸다는 대중매체의 선정적 보도만을 읽은 몇몇 과학자들은 과학에 대한 인문사회학적 분석 모두가 과학에 대한 초보적 지식도 갖추지 않은 사람들에 의해 이루어지고 있다고 개탄했지만, 실제로 소칼이 비판했던 학자 중 상당수는 자신이 연구하는 과학내용에 대해 상당히 잘 알고 있는 사람들이었다. 결국 상대방 연구의 학술적 가치에 대한 불신에서 비롯되어 원색적 비난으로 이어졌던 '과학전쟁'의 주요 원인은 전문분야마다 다른 방식으로 사용되는 고유한 언어, 은유나 비유 등의 표현방식 그리고 논증을 전개하거나 증거를 제시하는 과정의 차이를 인문사회과학자와 자연과학자가 서로 잘 이해하지 못했기 때문이라는 점이 '과학전쟁' 참여자들에게 점차 인식되기 시작했다.

이렇게 되자 '과학전쟁'은 스노우의 두 문화 문제의 과격한 변주곡으로 생각될 수 있었다. 문제가 두 분야 사이의 문화적 차이라면 어떻게 전쟁을 끝내고 생산적인 협동관계를 이룩할 수 있을지도 비교적 명확해 보였다. 스노우는 막연히 두 분야 사이의 협력이 바람직한 것이 아니라 그 당시 경쟁국에 비해 뒤처져 있다고 자체 평가되던 영국의 산업을 끌어올리고 또 다른 산업혁명과 과학혁명을 이룩하는 데 필수적이라 보았다. 스노우가 이상적으로 생각하던 자연과학과 인문학 사이의 적극적 협력까지는 아니더라도 소모적인 과학전쟁은 양쪽 모두에게 득이 될 것이 없으므로 끝내야 한다는 점은 분명했다. 물론 전쟁을 최전방에서 이끌었던 양 진영의 열혈투사들은 자신의 견해를 바꾸거나 화해를 시도하는 데 별 관심이 없었다. 그러나 전선에서 조금 떨어진 곳에서 간접적으로 논쟁에 참가하던 대다수의 인문사회과학자들과 자연과학자들 사이에는 서로 익숙하지 않은 상대방의 문화적 행태에 대해 비판적이지만 이해하려는 시도를 해야 한다는 공감대가 형성되었다. 그 결과 과학전쟁의 후반기로 갈수록 학술적으로 더 의미 있고 수준 높은 논쟁적 대화가 이루어지기 시작했고, 『한 문화?(*The One Culture?*)』라는 책도 나오게 되었다.

이후에 우리는 과학전쟁과 관련된 이런 일련의 과정에 대해

『한 문화?(The One Culture?)』

그 배경과 전개과정 그리고 중요한 쟁점들과 의의를 살펴볼 것이다. 중요한 사실은 과학전쟁이 시작될 당시 너무나 극명하게 대비되는 것처럼 보이던 의견 차이가 서로 이해가 깊어질수록 실은 정도의 차이에 지나지 않은 것으로 드러나거나 설사 분명한 의견 차이가 있더라도 그것이 각자의 학문적 정체성에 비추어볼 때 결코 용납할 수 없는 것은 아닐지도 모른다는 인식이 점차 확산되고 있다는 점이다.

더 구체적인 성과로 들 수 있는 것은 과학기술에 대한 인문사회과학적 접근을 시도하는 학자들이 과학에 적대적이고 과학활동을 부당하게 통제하려는 숨은 의도를 가지고 있다는 과학자들의 의심이 대부분 근거가 없다고 인정된 점이다. 또한 과학지식의 형성과정에서 과학 외적 요소를 과도하게 강조하여 과학자들의 공격의 초점이 되었던 몇몇 급진적인 과학기술학 연구자들이 과학활동에서 자연이 부과하는 제한조건에 대해 더 분명하게 긍정하기 시작한 점도 과학전쟁이 거둔 성과라고 할 수 있다. 하지만 모든 문제가 매끈하게 해결되고 달콤한 평화가 찾아온 것은 아니다. 과학학 연구자 일부가 가지고 있는 생각과 과학자 일부가 가지고 있는 생각이 과학지식의 성격과 과학연구의 본질에 대해 각기 결코 양립할 수 없는 전제들에 근거하고 있기 때문이다.

2. 왜 발생했나?

소칼의 속임수가 있기 전에도 과학에 대한 인문사회학적 연구에 대해 노골적으로 불편한 심기를 드러낸 과학자들의 글이 있었다. 폴 그로스(P. Gross)와 노만 레빗(N. Levitt)이 1994년에 출판한 『고등미신(*Higher Superstition*)』이라는 책이 대표적인데, 이 책에서 두 과학자는 과학기술에 관한 인문사회학적 논의에 대해 과학의 내용도 잘 모르는 좌파 지식인들이 과학의 지적 권위와 사회적 영향력을 약화시키려고 시도하는 것이라고 비판했다. 정치적으로 우파였던 그로스와 레빗은 반과학주의를 좌파 지식인과 연결시키는 것이 편리했겠지만, 정통 좌파 과학자임을 자랑스러워하던 소칼은 좌파와 과학의 관계를 '회복'시켜야 할 필요성을 느꼈을 것이다.

과학기술학에 대해 직접적 공격을 수행한 과학자들은 비교적 소수였지만 대다수의 과학자들도 과학이 이토록 발전한 현대에 각종 비과학적 생각이 일반인들에게 광범위한 영향을 미치는 것에 대해 불편한 심기를 공유하고 있었다. 우리에게 『이기적 유전자』로 널리 알려진 리처드 도킨스나 『코스모스』의 칼 세이건 모두 일간신문에 점성술 기사가 매일 나오고 창조과학과 같은 사이비 과학이 폭넓은 대중적 지지를 얻고 있는 영국과 미국의 현실을 여러 저술을 통해 개탄했다. 과학적 세계관에 익숙한 과학자에게는 이토록 놀라운 업적을 쌓은 현대과학을 두고 별자리 운세와 같은 허황된 이야기를 믿는 사람들이 너무도 많다는 사실이 일종의 좌절감을 안겨주었기 때문이었을 것이다. 그런데 인문사회학적 훈련을 받지 않은 대다수의 과학자들에게 점성술과 과학기술에 대한 메타적 연구는 별반 다르지 않게 느껴졌다. 둘 모두 '과학이 아닌 것'은 분명했고 객관적 과학의 권위를 떨어뜨리려는 반과학적 시도로 생각될 수 있었다.

그러나 과학전쟁의 발발을 이렇게 간단하게 설명하기에는 무언가 부족한 점이 있다. 점성술이 대중적으로 영향력을 행사해온 것은 서양에서는 매우 오랜 일이고, 과학기술에 대한 인문사회학적 분석 또한 상당한 역사를 갖고 있기 때문이다. 과학자들의 불만은 상존했지만 그 불만은 대개 사교모임에서의 가벼운 조롱거리 수준이었다. 과학자들이 더 적극적으로 나서서 소칼처럼 잘 준비된 속임수를 사용하거나 과학자가 아닌 사람들의 과학에 대한 분석에 대해 공개적 수준에서 대규모 공격을 시작한 것은 비교적 최근의 일이다. 그러므로 우리는 과학전쟁이 일어난 시기에 즈음하여 과학적 세계관이 일반인들에게 충분히 파고들지 못하고 객관적 과학지식의 권위를 떨어뜨리는 담론이 학계에 존재한다는 사실 말고도 과학자들이 이제는 자신의 목소리를 적극적으로 내야 한다는 일종의 위기의식을 느끼게 만든 다른 이유가 있었다고 짐작해볼 수 있다. 이 위기의식은 우리 시대가 전반적으로 예전만큼 과학을 충분히 대접하지 않거나 급진적으로 과학을 비판하는 반과학주의가 환경위기 등을 겪으면서 점차 힘을 얻게 된 역사적 상황과 무관하지 않을 것이다.

사실 과학연구에 거의 무조건적인 사회적 지원이 보장되던 과학의 황금기는 이미 끝났다고 할 수 있다. 다소 아이로니컬한 이야기지만 과학의 효능을 과학자가 아닌 사람들이 크게 인식하게 된 계기는 두 차례에 걸친 세계대전과 대규모 산업소비사회의 등장이었다. 모즐리(Henry Moseley)라는 매우 유망한 젊은 과학자를 1차 세계대전 초기의 참호전에서 잃은 영국 과학계는 과학자들을 그냥 일반병으로 전쟁에 내보내는 것보다는 과학자로서의 능력을 살려 새로운 무기나 그밖에 전쟁에 필요한 장비를 연구 제작하게 하는 것이 조국에 더욱 유용한 일이라고 정부를 설득했다. 독일 과학자들 또한 똑같은 방식으로 전쟁 수행에서의 과학자와 과학연구의 유용성에 독일정부가 주목하게 만들었고, 양측에 의해 독가스와 기관총 같은 최신 무기나, 맞아도 즉시 죽지 않고 고통스러운 비명으로 동료 병사들을 공포에 휩싸이게 하면서 천천히 죽어가게 만드는 특수 탄환 등이 속속 개발되었다.

물론 과학자가 전쟁에 특별히 더 열광적이었던 것은 아니었다. 많은 사람들이 1차 세계대전 전까지는 전쟁에 대해 상당히 낭만적인 생각을 갖고 있었고 이 점에 있어서는 과학자들도 예외가 아니었을 뿐이다. 본격적인 반전운동은 1차 세계대전의 참상을 본 이후에야 가능해졌고, 그 전까지는 전 세계 노동자의 연대를 외치던 사회주의자들도 애국주의의 물결에서 자유로울 수 없었다. 과학자들이 주장했던 것은 모든 사람들이 조국의 승리를 위해 노력할 때 과학자들은 전장에서보다는 실험실에서 그 역할을 효과적으로 해낼 수 있다는 것이었고 이는 여러 나라에서 동시에 받아들여졌다.

1차 세계대전을 통해 과학기술자들을 조직적으로 전쟁관련 연구에 동원하는 것이 더 유익하다는 것을 알게 된 각국 정부는 2차 세계대전에서는 개전 직후부터 더 체계적인 방식으로 과학기술자들을 전쟁 관련 연구에 참여시켰다. 그 결과 우리는 과학기술 연구에 대한 전형적인 상을 얻게 된다.

첫째는 로스 알라모스에서 군사작전 식으로 이루어진 대규모 연구를 통해 개발된 원자폭탄이 촉발한 성공적인 과학연구에 대한 생각이었다. 원자폭탄은 소위 '대량살상무기'가 언젠가는 지구상의 인류를 끝장낼지 모른다는 대중적 공포를 확산시켰다. 그러나 다른 한편으로는 이를 통해 전쟁을 끝낼 수 있었다는 잘못된 신화도 유포시켰다. 더 중요한 것은 사람들이 점차 대규모로 과학기술자를 조직하여 충분한 자원을 주고 연구를 시키면 원자폭탄처럼 매우 복잡한 것이라도 결국에는 만들어낼 수 있다고 믿게 되었다는 점이다.

둘째는 과학기술의 결과물이 대량소비사회로 연결되면서 자원의 투입과 유용한 연구결과 사이의 상관관계에 대한 믿음이 더욱 강화되었다는 것이다. 대규모 연구비가 투여된 산업체 연구를 통해

첨단 과학기술이 신제품 생산으로 이어지는 일련의 과정이 일상화되면서 과학기술 연구는 그 주제에 관계없이 무조건 지원하면 결국에는 사회적 혹은 산업적 이익으로 돌아온다는 생각이 자리 잡게 되었다. 이런 생각에 힘입어 2차 세계대전 후 과학기술계는 양적으로나 질적으로 그야말로 비약적인 발전을 하게 되었다.

　하지만 과학기술자들의 황금시대는 1960년대부터 서서히 끝날 조짐을 보이기 시작했다. 레이첼 카슨이 1962년에 출간한 『침묵의 봄』은 화학물질의 무분별한 사용으로 말미암은 생태계 파괴 문제를 부각시켰고, 이는 오존층 파괴와 열대우림 파괴 및 지구 온난화 문제 등으로 계속 이어졌다. 엄격하게 따지자면 카슨을 비롯한 여러 저자들이 이런 문제들을 제기할 수 있었던 것은 환경오염 문제에 과학적 분석방법을 꼼꼼하게 적용했기 때문이었고, 많은 경우 문제에 대한 대응도 과학적 연구를 통해 발견될 수 있으리라 여겨졌다. 카슨이 살충제 대신 생태계의 천적 구조를 이용하여 해충 문제를 해결하자고 한 것도 이런 방식의 '과학적' 대응에 해당된다. 그러므로 실은 이런 생태 위기에 대한 고발이나 해결을 모색하는 과정이 특정 원인만을 분리해서 생각하는 편협한 과학적 사고방식에 대한 비판인 것은 분명하지만 동시에 경험적 사실에 입각하여 체계적인 방식으로 해법을 찾아가는 과학적 연구방법의 유용성을 확인해준 것으로 생각될 수도 있는 것이다. 간단히 말하자면 카슨의 책 어디에도 '반과학적인' 요소는 없었다.

　하지만 과학자나 과학자 아닌 사람들 대다수는 그렇게 보지 않았다. 여기에는 상당수 과학자들이 직간접적으로 조장한 일반인의 상식적 과학관이, 과학은 오류불가능하고 과학적 주장의 참/거짓은 누가 보아도 명백한 경험적 증거에 의해 결정적으로 판단될 수 있다는 단순한 것이었다는 점이 문제로 작용했다. 이런 과학관을 배경으로 하면 지구 온난화처럼 정치적으로 민감한 문제와 관련하여 여러 과학자들이 공개석상에서 날카로운 의견대립을 보이는 일이 이상하게 보일 수밖에 없었다. 많은 사람들에게 이런 광경은 과학도 각자의 이해관계에 의해 움직이는 정치와 다를 바가 없어 보였다. 물론 이러한 논쟁과 의견대립은 과학을 포함한 학술적 논의에서 보다 더 타당한 합의에 이르기 위해 필수적으로 거쳐야 하는 과정이다. 과학적 논의는 이러한 논쟁을 다른 분야보다 비교적 일찍 종결시키는 과학자 사회 내부의 다양한 메커니즘을 가지고 있다는 점이 특징이다. 하지만 늘 논쟁이 종결된 '완성된 지식'만을 대중에게 보여주며 상식적 과학관을 역설하던 과학자들이 갑자기 논쟁의 소용돌이에서 대중에게 노출되자, 이는 과학에 대한 환상이 깨어진 사람들이 반과학주의로 돌아서게 하는 데 큰 역할을 했다.

이 지점에서 또 다른 아이러니가 나타난다. 과학자들이 그토록 강조하고 대중들에게 심어주기를 원했던 과학연구에 대한 비현실적인 이미지가 깨어지면서 역시 다른 의미로 비현실적인, 극단적인 형태의 반과학주의도 힘을 얻은 것이다. 이런 흐름에 더하여 냉전이 끝나면서 주로 군사 목적과 관련되어 연구비를 타오던 과학연구에 대한 지원이 삭감되자 과학자들은 자신들의 노력이 제대로 평가받지 못하고 있다는 생각을 하게 되었다. 이런 사회문화적 배경에서『고등미신』과 같은 감정적 반응이 나왔던 것이다. 소칼은 자신과 같은 대학교에 있던 포스트모던 계열의 유명한 논객 앤드루 로스(Andrew Ross)가 거의 스타급 대우를 받는 데 대해 평소 기막혀 했고 언젠가는 그 논의의 허상을 벗겨내겠다고 결심했다고 한다. 이는 로스에 대한 소칼의 개인적 질투라기보다는 과학자가 보기에는 엉터리 헛소리를 늘어놓는 학문이 제대로 된 학문인 과학보다 더 대접을 받는 지적 풍토에 대한 반발이었다고 보아야 할 것이다.

여기에 더해서 소칼은 과학기술에 대해 오래된 좌파적 견해를 가지고 있었다. 냉전 시기 자본주의 사회와 사회주의 사회는 많은 점에서 달랐지만 과학에 대한 태도에 있어서는 별반 다르지 않았다. 오히려 과학에 대한 서구의 이미지가 자본주의적 이익추구와 맞물린 방식으로 발전해왔다면, 동구권의 과학에 대한 이미지는 세계에 대한 객관적 진리를 발견하여 인민에게 봉사한다는 더 순수한 이미지가 중심이었다. 과학에 대한 이런 생각은 그 역사적 뿌리가 깊다. 과학적 사회주의를 공상적 사회주의와 구별하며 자신의 입장을 내세웠던 초기 사회주의 운동가들도 억압된 인간의 객관적 상황을 분석하고 궁극적으로는 그들을 자유롭게 하고 풍요롭게 해줄 수 있는 데서 과학의 가치를 찾았다. 이런 이유로 사회주의 국가들에서는 자본주의 국가보다 오히려 과학에 대해 더 큰 강력한 믿음이 있었고 이 믿음은 소칼처럼 서구의 좌파 지식인들 사이에서도 공유되었다.

3. 무엇이 문제였는가?

　　자연과학자들에게 과학전쟁은 다른 무엇보다 과학의 전문적 내용에 대해 무지한 인문사회학자들이 함부로 이러쿵저러쿵 말하는 것을 따끔하게 혼내준 사건이었다. 논쟁에 참여한 과학자들의 글에서는 계속 들뢰즈가 과학기술을 제대로 배운 적이 있는 사람에게는 너무나 평이한 개념인 '선형성(linearity)'의 정확한 의미도 모른 채 함부로 비선형성을 신화화시켰다든지, 라투르가 아인슈타인의 상대성이론이 실제로는 객관적인 절대법칙의 존재를 함축함에도 불구하고 함부로 일상적인 의미의 '상대성'과 혼동했다는 식의 '훈계'가 자주 등장한다. 과학자들이 보기에 이런 초보적인 개념에서의 혼동은 인문사회학자들의 과학에 대한 글 전체를 구태여 꼼꼼하게 읽어보고 그 전체적인 의미를 파악하려는 노력을 할 필요가 없다는 근거를 제공하는 것이었다. 게다가 이들이 공격하는 인문사회학자들의 글은 그 메타적 성격상 과학기술이 이룩한 업적에 대한 찬양 일색일 수는 없었다. 어떤 경우에는 하이데거의 기술론처럼 대놓고 적대적이기도 하고 어떤 경우에는 토머스 쿤의 과학혁명론처럼 간접적인 방식으로 과학적 진리에 대한 상식적 견해를 뒤흔들기도 한다. 이런 '위험한' 생각이 대중에게 유포되는 것은 과학의 가치에 대한 확신을 가지고 연구에 몰두하는 과학자들 입장에서는 억울하기까지 한 상황일 수 있다.

　　그러나 우리는 여기서 과학자들이 공격한 집단이 이질적인 성격의 두 집단으로 이루어져 있다는 점을 짚고 넘어가야 한다. 한 집단은 포스트모더니즘 계열의 학자들로 과학기술에 대한 깊은 이해를 가지고 있지 않은 문화연구나 문예비평 계열의 학자들이 있고, 다른 계열로는 자신들의 연구주제에 대해 탄탄한 전문지식을 갖춘 과학기술학 전공학자의 집단이 있다. 소칼이 브리크몽과 함께 쓴 『지적 사기』에도 이 두 집단은 별다른 구별 없이 함께 비판되고 있다. 전자는 과학기술의 개념이나 원리를 유비나 은유로 사용하고 후자는 직접적으로 과학기술의 내용과 연구과정을 연구대상으로 삼는다. 다시 말해, 전자에 속하는 학자들은 자신들의 철학적 내용을 예시하거나 이론적 영감을 얻어내는 과정에서 과학기술의 내용을 빗대고 있는 데 반해 후자의 학자들은 자신들의 연구목적 자체가 현대 과학기술의 내용과 연구과정의 성격을 제대로 이해해보자는 것이다.

전자에 속하는 학자로는 이리가리(L. Irigaray), 가타리(F. Guattari), 크리스테바, 그로스 등이 있고, 후자에 속하는 학자로는 콜린스(Harry Collins), 라투르, 포퍼(Karl Popper), 쿤, 샤퍼 등이 있다. 전자의 경우 과학기술의 구체적인 내용을 얼마나 올바르게 제시했는지에 의해 저자의 주장이 얼마나 설득력 있는지가 결정되는 경우는 드물다. 물론 과학기술이 가진 '권위'에 기대어 자기 주장의 신뢰도를 높이려고 시도하는 학자가 과학의 내용을 혼동하고 글을 쓴다면 과학자들의 비판에서 자유로울 수 없을 것이다. 이 경우 과학기술의 내용이 일종의 증거적 힘을 발휘하는 것이므로 그 내용도 정확해야 할 뿐 아니라 과학기술의 내용과 철학적 주장 사이의 관계도 매우 명확하고 정당화할 수 있는 것이어야 하기 때문이다. 과학전쟁을 통해 분명해진 점은 적어도 몇몇 학자들이 이와 같은 오류를 범하고 있었다는 사실이고, 이는 후자에 속하는 학자들에 의해서조차 지적되었다.

둘째 집단의 학자들, 즉 과학기술철학 · 과학기술사 · 과학기술사회학을 연구하는 학자들은 적어도 자신들의 연구주제에 대해 과학적으로 기초적인 실수를 하는 경우가 거의 없다. 그럴 경우 과학을 비유적으로 사용하는 포스트모더니즘 계열의 논문과는 달리 자신들의 논문이 지적 정당성을 가지기 어렵다는 점을 잘 알고 있기 때문이다. 이 분야 논문들은 다루는 주제에 따라 논의된 내용의 과학적 적합성을 검증하기 위해 아예 관련 분야의 과학자가 논문 심사위원으로 위촉되기도 한다. 이런 상황이기에 과학기술학 학자들은 자신이 연구대상으로 삼은 과학 분야의 학위를 가지고 있거나 그렇지 않은 경우라도 상당한 기간에 걸쳐 관련 과학지식을 습득하고 연구의 실제상황을 경험하는 것이 보통이다. 과학사회학자인 해리 콜린스의 말을 빌자면, 과학기술학자들은 관련 과학연구의 발전에 적극적으로 기여할 정도의 능력까지는 아니더라도 그 분야 학자들과 별 어려움 없이 의견을 나눌 수 있는 '소통적 능력(communicative competence)'은 가지고 있어야만 좋은 연구를 할 가능성이 높아진다고 할 수 있다. 그래서 과학기술학을 전공하는 학생들은 종종 자신들이 지적배경을 가진 분야가 아닌 주제에 대해 학위 논문을 쓸 때는 다른 분야의 학생들보다 1년 이상 더 걸리곤 한다. 그 분야에 대한 관련 과학지식을 우선 공부하고 소화하는 데 최소한 그 정도의 시간이 걸리기 때문이다. 그리고 대부분의 경우 이들의 학위 논문은 관련 과학자들의 자문을 얻어가며 작성되고 앞서 말했듯이 해당 분야에 대한 전문적 지식을 가진 과학자가 심사위원으로 참여하게 된다. 실제로 이런 이유 때문에 독설가인 소칼조차 이들 과학기술학 전공자들의 논문에서는 어떤 전문적인 문제점도 찾아내지 못하고 있는 것이다. 소칼이 공격하는 점은 이들 분야 학자들이 과학에 대해 상대주의적이고 비합리적인 태도를 취하고 있다는 것이다.

상대주의나 비합리성이라는 용어는 실제로 오랜 논쟁과 시대에 따라 의미변화를 겪어왔다. 이 점에 대해서는 참고문헌에 소개된 국내 학자들의 글이 좋은 길잡이가 될 것이다. 더 주목할 점은 소칼이 과학기술학자가 과학에 대해 '잘못된 상'을 퍼뜨리는 죄를 범하고 있다고 확신하고 있다는 사실이다. 그런데 소칼은 과학기술학자들이 과학에 대해 '잘못된 상'을 가졌다고 어떻게 확신할 수 있었을까? 이는 소칼 자신이 과학기술학자들처럼 힘들게 인문사회과학적 연구를 하지 않고서도 과학의 본질이 무엇이고 과학이 역사적으로 어떤 함의를 가져왔으며 과학적 실천의 내용이 무엇인지에 대해 '올바른' 이해를 하고 있다고 생각한다는 사실을 함축한다. 아마도 여기에는 책상에 앉아 책이나 보는 과학기술학자들과는 달리 자신이야말로 과학을 직접 수행하는 과학자라는 자부심이 배경으로 깔려 있었을 것이다. 하지만 이는 얼핏 듣기에도 조금 이상한 생각이다. 이론 물리학자인 소칼이 단지 자신이 생명체이고 생명체로 상당한 기간을 살아왔다는 점에 의거하여 인간의 생리작용에 대해 생리학자보다 더 잘 안다고 생각할 리는 없기 때문이다. 이 지점에서 과학전쟁 전반에 걸쳐 분명하게 부각되지는 않았던 중요한 핵심이 드러난다.

소칼 등의 과학자들은 과학기술학자들이 과학자인 자신들이 미처 깨닫지 못하는 과학의 본성이나 과학연구의 성격에 대한 새로운 사실이나 관점을 제공해줄 수 있을 가능성에 대해 지극히 회의적이었다. 하지만 과학의 역사를 통해 과학의 이상과 내용, 개념이 매우 미묘하게 변화해왔고 이를 현대과학의 용어로 이해하려고 하면 항상 문제에 봉착하게 된다는 점은 일찍이 토머스 쿤을 비롯한 여러 과학사 연구자에 의해 분명하게 지적되었다.

그에 비해 항상 그런 것은 아니지만 과학자들이 수행한 과학사 연구는 현재 과학의 관점에 의한 왜곡 때문에 과거 과학자들이 실제 어떤 동기와 목적으로 과학연구를 수행했으며 그 연구결과가 어떻게 평가되었는지를 완전히 잘못 기술하는 경우가 허다하다. 헤르츠(Heinrich Hertz)의 실험은 현대 물리학 교과서에는 맥스웰의 전자기파의 존재를 처음으로 증명한 실험으로 소개되어 있지만, 실제로 그 당시에는 다른 방식으로는 확인이 불가능함에도 맥스웰의 이론에 따르면 반드시 존재해야 하는 에테르의 존재를 명백하게 확인한 실험으로 평가되었다.

현대 과학자에게 이런 역사적 '사실'이 난처하게 느껴지는 이유는 아인슈타인의 상대성 이론 이후 우리는 더 이상 전자기파의 전파를 위해 에테르가 필요하다고 믿지 않기 때문이다. 과거의 과학활동이 현대의 이론으로 매끄럽게 연결되기를 바라는 과학자들로서는 이러한 과학사적 연구결과가 껄끄러울 수밖에 없다. 과학자에 의해 쓰인 과학사 저술이 가진 이런 명백한 역사적 오류 때문에 대부분의 과학기술학자들은 그 문헌들을 인용하기조차 꺼린다. 이 점은 과학철학과 과학사회학에서도 비슷하게 반복된다. 그러므로 단순히 과학은 과학자가 연구하고 과학에 대한 인문사회과학적 연구는 과학기술학자들에게 맡겨두어야 한다는 식의 '편가르기' 논리에서가 아니라, 과학기술에 대한 과학기술학적 분석이 가지는 깊이와 전문적 내용이 존재한다는 견지에서 과학자들 스스로 이 주제에 대해 대부분 아마추어라는 점을 인정하는 것이 필요하다는 것이다. 하지만 이는 말처럼 쉬운 일은 아니었다.

왜 자신의 전문분야가 아닌 주제에 대해 자신이 잘 모른다는 점을 인정하는 것이 그토록 어려운지는 과학자들이 공유하는 과학문화에 상당 부분 연유한다. 과학자들의 훈련과정에는 논문이나 저서에 담긴 다양한 의미의 상관구조를 파악해내고 이를 여러 다른 주제와 연관시켜서 저자의 숨은 의도까지 포함하여 다양한 논증구조를 정확하게 읽어내는 것은 포함되어 있지 않다. 과학논문은 대개 실험결과와 결론 사이의 비교적 분명한 연결이 주어지거나 다양한 해석의 가능성을 허용하지 않는 수식을 사용한 논의가 대부분이다. 이런 문화적 차이를 고려하면 유명한 과학기술학자인 라투르의 상대성 이론에 대한 논문을 소칼이 과학도 잘 모르는 인문학자가 과학자에게 '한 수 가르치려는' 시도로 읽었던 것은 어쩌면 당연한 일일 수 있다. 과학기술학 훈련을 받은 사람이라면 그 논문에서 당연히 보이는 사실, 즉 라투르는 과학이론 형성과정에서 과학 외부의 '사회적' 영향이 작용한다는 과학지식사회학자들의 주장을 반박하면서 오히려 상대성 이론 자체에 포함된 더 넓은 의미에서의 '사회적' 성격에 주목하고 있음을 읽어낼 수 있다. 즉, 라투르는 자신 나름대로의 철학적 체계 내에서 상대성 이론의 함의를 이끌어내고 있는 것이지 물리학자들에게 새로운 물리학을 가르치려는 것이 아닌 것이다.

이처럼 과학기술계와 인문사회과학계의 학술문화 차이가 과학전쟁의 격렬함을 부추겼고 과학전쟁 중에 논란의 초점이었던 대부분의 주제들은 결국 이해부족 내지 상대방에 대한 무지에서 비롯되었음이 점차 분명해졌다. 그리고 이러한 문화적 차이는 유명한 물리학자 머민(N. David Mermin)이 지적했듯이 각자가 받은 지적 훈련의 차이로 상당 부분 설명될 수 있었다. 결국 과학전쟁은 상대방이 사용하는 전문용어의 뜻을 상식적인 의미로 해석하거나 상대방 논증의 미묘한 점을 인식하지 못한 채 상식적인 수준에서 대응하려고 했기 때문에 확대되었다고 정리할 수 있다. 이 점에 있어서 포스트모더니즘 계열의 문화 이론가들과 소칼을 비롯한 대다수의 과학자들은 모두 동일한 종류의 오류에 빠졌다고 할 수 있다.

포스트모더니즘 계열의 학자들이야 어차피 과학내용 자체에 큰 관심을 가지고 있었던 것은 아니므로 '오류'의 심각성이 그다지 문제가 되지 않을 수도 있지만 평소 매우 주의 깊게 전문용어를 사용하는 과학자들이 왜 이런 잘못을 저지르게 되었을까? 필자의 개인적 경험이 실마리가 될 수 있을 듯하다. 일반 생물학을 듣지 않고 생화학을 들은 물리학도였던 필자는 수업 시간에 벡터라는 용어가 사용되는 방식에 매우 놀랄 수밖에 없었다. 필자에게 벡터란 스칼라와 대비되는 양으로 하나 이상의 변수에 의해 정의되는 수학적 개념이었다. 그런데 생물학에서 벡터는 전혀 다른 뜻을 가지고 있었다. 동일한 상황이 과학기술 분야와 과학기술학 분야 사이에서도 일어난다. 예를 들어 과학자들은 '참'이라는 말을 '경험적으로 올바름'이나 '정확함'이라는 의미로 사용하지만 과학철학자들은 매우 엄격한 조건을 만족시키는 제한적 의미로 사용한다. 이런 차이를 고려하면 과학자들에게는 고전역학이 충분히 참된 이론이지만 과학철학자의 정의로는 그저 '거짓'인 이론이다. 이는 과학철학자들이 고전역학이 경험적으로 충분히 정확하며 다양한 상황에서 성공적으로 적용될 수 있다는 사실을 부정해서가 아니다. 다만 논리적으로 볼 때 완전한 참은 아니지만 참에 가까운 그 무엇을 정의하는 것은 매우 어려울 뿐만 아니라 인식론적으로 정당화하기 어려운 여러 난점이 존재하기 때문이다.

하지만 더 심각한 점은 인문사회과학의 용어와 자연과학의 용어가 동일한 용어에 서로 다른 의미를 부여한다는 사실 자체가 아니다. 사실 용어가 아예 전혀 다른 뜻을 가지면 차라리 편하다. 필자의 벡터에 대한 경험처럼 각각의 용어를 서로 관련이 없는 서로 다른 용어로 간주하면 그만이기 때문이다. 하지만 많은 경우 과학기술학에서 사용되는 용어들은 펄서나 플라스미드처럼 전문용어 티가 팍팍 나는 것이 아니라 실재·합리성·객관성·권력·정치·제도처럼 일상적으로 자주 사용되고 일상적 용법과 전문적 용법 사이에 미묘한 차이와 복잡한 관계가 존재하는 단어들이다. 이런 단어들을 주로 사용하는 과학기술학 관련 논문을 일상적인 의미로 읽게 되면 즉각적으로 오해가 생길 수밖에 없다. 이런 오해는 소칼로 하여금 전문적인 의미에서 과학적 실재론을 부인하는 사람들은 지금 당장 고층건물의 창문에서 뛰어내릴 각오를 해야 한다는 식의 논증으로 현대 물리학의 양자장론의 진리를 증명할 수 있다고 생각하게 만들었다. 과학전쟁이 진행되면서 양측에서 더 분명해진 점은 용어상의 오해에 중요한 쟁점이 가려져서는 안 된다는 것이었고 그 과정에서 논쟁의 격렬함은 점차적으로 날카롭지만 수준 있는 토론으로 바뀌어갔다.

4. 무엇이 여전히 문제인가?

그렇다면 비본질적이고 소모적인 논쟁 말고 과학전쟁에서 진정으로 남는 쟁점은 무엇인가?

실제로 과학전쟁이 아닌 '과학평화'를 위한 많은 사람들의 노력에도 불구하고 여전히 중요한 의견 차이가 남아 있다. 그 이유는 이러한 의견 차이가 과학의 본성이나 과학연구의 성격에 대한 이해에 있어 본질적인 차이를 반영하기 때문이다. 두 가지 쟁점이 가장 두드러진다.

첫째는 과학자들이 논쟁을 종식하고 특정 현상이 진정으로 존재하는 것이라면 어떤 이론이 더 좋은 이론이라고 합의하게 되는 과정에서 어떤 요인이 더 중요한 요인인가 하는 점이다. 과학전쟁 초기에 과학자들은 경험과 객관적 세계가 일방적으로 이 합의과정을 결정한다고 주장하고 반대진영은 이해관계나 과학자들 사이의 정치적 연대를 강조하는 경향을 띠었다. 그러나 전쟁이 진행될수록 과학 내적인 요인과 과학 외적인 요인 모두가 과학적 합의 도출과정에 영향을 끼친다는 점은 모두에게 너무도 분명해 보였다. 그러므로 이제는 과학활동을 사회적 요인이 결정하는지 인식적 요인이 결정하는지를 묻는 것은 마치 인간의 특징을 유전적인 요인이 결정하는지 양육적인 요인이 결정하는지를 묻는 것만큼이나 소모적이기만 한 물음으로 여겨지고 있다. 진정으로 중요한 쟁점은 어느 요인이 더 중요하게 작용하는지이고 이 점에 대해서는 양측 모두 조금도 물러서지 않고 있다.

필자가 보기에 과학지식으로 간주되기 위해서는 반드시 관련 과학자 집단의 합의라는 절차가 필요하고, 이 절차가 과학자들 사이의 사회적 상호작용을 통해 인식론적 고려를 함께 수행하는 것이라는 점을 분명하게 인식하는 것이 중요하다. 간단히 말해서 소칼식의 단순한 실재론은 유지되기 힘들다는 것이다. 그렇지만 과학지식 형성과정에서 사회적 영향을 강조하는 연구들이 분석방식에 연유한 과장일 가능성도 고려해야 한다고 생각한다. 이런 경향의 논의들은 경험적 증거에 의해 경쟁하는 이론이 완전히 결정될 수 없음을 보인 후 인식적 고려사항을 아무리 많이 더해도 이러한 미결정성이 사라지지 않는다고 설명한 후 최종적으로 사회적 요인을 등장시켜 논쟁을 해결하는 분석방식을 택하고 있다. 그러나 분석방식을 뒤집어 미결정 상황에서 사회적 요인을 아무리 많이 더해도 일반적으로 논쟁을 종결시키기에는 충분하지 않다는 점을 보인 후 인식적 요인을 끌어들여 논쟁을 종결시킬 수도 있다. 이 경우에는 마치 인식적 요인이 결정적인 것처럼 보일 것이다.

둘째 쟁점은 '해석적 유연성'에 대한 것이다. 해석적 유연성이란 과학활동에서 경험적 자료가 최대한 주어져도 과학자에게는 그 자료들을 어떤 방식으로 해석하여 설명할 것인지에 대한 선택의 폭이 주어져 있다는 점을 강조하는 개념이다. 사실 이 '해석적 유연성' 개념은 과학전쟁의 모든 핵심적 논쟁의 중심에 있다고 할 수 있다. 과학자들은 해석적 유연성을 되도록 무시하거나 그 중요성을 평가절하하려 하고 과학지식의 구성성을 강조하는 학자들은 자신들의 분석틀을 이 개념에 기초한다. 해석적 유연성이 과학활동, 특히 이미 논쟁이 완료된 과학지식이 아니라 현재진행형의 과학연구에 존재한다는 점은 여러 사례 연구에서 볼 수 있듯이 부인하기 어렵다. 쟁점이 되는 질문은 역시 해석적 유연성을 어디까지 허용할 수 있을 것인지에 대한 것이다. 사회구성주의 과학사회학자들은 이 유연성이 매우 크다고 (많은 경우 거의 무제한적이라고) 생각한다. 하지만 많은 과학자들은 실제로 자연현상에 대해 여러 인식적 조건을 만족시키는 이론이나 모형 하나 만들기도 어렵다는 점을 잘 알고 있다. 그러므로 이론적인 견지에서는 무한해 보이는 해석적 유연성이 실제 과학활동에서는 생각만큼 그렇게 자유자재로 활용될 수 있을 것 같지 않다. 이는 해석적 유연성을 제한하는 여러 경험적 요인이나 인식적 가치가 작동하고 있기 때문이라고 이해할 수도 있다.

| 참고문헌 |

• 데이비드 블루어(김경만 역), 『지식과 사회의 상』, 한길사, 2000
• 앨런 소칼 · 장 브리크몽(이희재 역), 『지적 사기』, 민음사, 2000
• 이상욱, 「과학연구의 역사성과 합리성」, 『과학철학』 5: 1-26, 2002
• 이상욱, 「전통과 혁명: 토마스 쿤 과학철학의 다면성」, 『과학철학』 7: 57-89, 2004
• 토머스 쿤(김명자 역), 『과학혁명의 구조』, 까치, 2002
• 홍성욱, 『과학은 얼마나』, 서울대학교출판부, 2004
• 홍성욱, 『생산력과 문화로서의 과학기술』, 문학과지성사, 1999
• Barnes, Barry, Bloor, David and Henry, John 1996, *Scientific Knowledge: A Sociological Analysis*, Chicago: University of Chicago Press. (과학지식사회학의 중요한 흐름인 1970~1980년대의 에든버러 학파를 이끌었던 중요 인물들이 모여 1990년대의 시각에서 함께 쓴 과학지식사회학 입문서. 각자의 연구서에서 개진되었던 주장을 더 명료하게 제시하고 그 사이에 벌어졌던 여러 논쟁에 답하고 있다.)
• Collins, Harry and Pinch, Trevor 1998a, *Golem: what you should know about science*, 2nd edition, Cambridge: Cambridge University Press. (과학지식사회학의 대표적인 두 학자에 의해 저술된 과학학 교과서)
• Collins, Harry and Pinch, Trevor 1998b, *Golem at Large: what you should know about technology*, Cambridge: Cambridge University Press. (앞의 책의 자매편에 해당하는 책으로 기술의 사회학적 분석을 다루고 있다.)
• Koertge, Noretta (ed.) 1998, *A House built on Sand: Exposing Postmodernist Myths about Science*, New York: Oxford University Press. (제목에서도 짐작할 수 있듯이 전체적으로 소칼에 우호적인 글만을 모아놓은 논문집)
• Labinger, Jay A. and Collins, Harry (eds.) 2001, *The One Culture?, A Conversation about Science*, Chicago: University of Chicago Press. (과학전쟁 초반기의 감정적 지나침이 어느 정도 가라앉은 후 논쟁의 중요 당사자들이 더 차분한 마음으로 상대방의 논점을 진지하게 파고든 책. 각자 글을 쓰고 이에 대해 자유롭게 반론을 편 다음 다시 재반론을 하게 한 책의 구조가 특이하다.)

- Lingua Franca (ed.) 2000, *The Sokal Hoax: The Sham that Shook the Academy*, Lincoln, NE: University of Nebraska Press. (소칼 논쟁을 촉발시킨 소칼의 두 논문과 그에 대한 다양한 시각에서의 반응들을 모아놓은 책. 자료집으로 훌륭하다.)

- 참고 사이트 http://www.physics.nyu.edu/faculty/sokal/

물리학자 앨런 소칼의
유쾌한 속임수[*]

– 마틴 가드너(과학저술가) | 번역 이계정(전문번역가, 물리학 전공)

> 최종 산물인 우리의 과학 이론이, 과학이 사회적 절차라는 관찰에 따라 사회적
> 절차에 작용하는 사회적·역사적 압력 때문에 존재한다는 결론은 논리적 오류일
> 뿐이다. 일단의 등산가들이 정상에 오르는 최적의 길을 주장할 수도 있고 이런
> 주장은 탐험의 역사와 사회구조에 의해 결정될 일이지만, 결국 그들은 정상에 이
> 르는 좋은 경로를 발견할 수도 있고 못할 수도 있으며, 후자의 경우 대개 아는
> 길을 선택한다.(그들 중 누구도 에베레스트의 구조를 설명하는 등산 책은 쓰지
> 않는다.)
>
> —스티븐 와인버그(Steven Weinberg), 『최종이론의 꿈(*Dreams of a Final Theory*)』 제7장

    문화연구의 선도적 학술지인 〈소셜 텍스트(Social Text)〉의 편집진
은 스스로 '과학전쟁'이라 명명한 사건에 총력을 기울인 1996년 봄·
여름호에서 자신들의 믿기 어려운 무지함을 유감없이 드러내고 말았
다. 그들은 「경계를 벗어나서 : 양자중력의 변형적인 해석학을 위해서
(Transgressing the Boundaries : Towards a Transformative Hermeneutics
of Quantum Gravity)」란 제목의 논문을 실었는데, 저자는 뉴욕대학의
물리학자 앨런 소칼(Alan Sokal)이었으며, 그 논문은 인상적인 주석과
아홉 쪽에 달하는 참고문헌으로 이루어져 있었다.

---

* Martin Gardner, "Physicist Alan Sokal's Hilarious Hoax," *Skeptical Inquirere* 20, no.6
(November/December): 14–16.

편집자들은 왜 어리석었던가? 소칼의 논문은 계획적인 속임수였고 대학 물리학과 졸업생이라면 누구나 그것을 유쾌한 장난으로 넘겼을 법한 횡설수설임이 분명했다. 편집진은 다른 물리학자에게 검토를 의뢰하기가 귀찮았을까? 소칼의 논문을 출간한 동시에 그들은 끝없는 당혹스러움에 빠져들었다. 곧이어 소칼이 〈링구아 프랑카(Lingua Franca)〉 5·6월호에 그 논문이 농담임을 밝히면서 날조한 이유까지 덧붙인 논문을 발표했기 때문이다.

「경계를 벗어나서」에서 소칼은 "외부 세계의 특성은 어떤 개개인과도 무관하며 실로 인간 그 자체와도 무관하다."는 믿음에 대한 맹공격으로 자신의 풍자극을 시작한다. 이어서 과학은 '소위' 과학적인 방법으로 참된 진리를 입증할 수 없으며 심지어 불확실한 진리조차 입증할 수 없다고 말하면서, 이렇게 덧붙였다. "물리학의 실재는 사회적, 언어적 구조를 기반으로 한다."

그러나 〈링구아 프랑카〉에 발표한 고백에서 그는 이렇게 말한다. "물리학적 실재에 관한 우리의 이론이 아니라 실재 그 자체를 명심하라. 이것의 정당성은 그 자체로 충분하다. 물리학의 법칙이 단지 사회적 합의에 지나지 않는다고 믿는 사람이라면 누구든 내 아파트 창문에서 그런 합의들을 위반하는 실험을 해도 좋다.(참고로 나는 21층에 산다.)"

소칼은 그의 격조 있는 속임수에서 몇 가지 모순을 지지한다.

- 루퍼트 셸드레이크(Rupert Sheldrake, 영국의 생화학자이며 식물생리학자-옮긴이)의 형태형성학 분야는 양자 역학의 '최첨단'에 있다.

- 자크 라캉(Jacques Lacan, 프로이트를 재해석한 프랑스의 현대 사상가-옮긴이)의 프로이트식 성찰은 양자 이론으로 확증되었다.
- 같은 원소를 포함한다면 두 집합이 동일하다는 공리는 '19세기 자유주의 사상'의 산물이다.
- 양자중력 이론은 정치적으로 막대한 내적 의미를 지닌다.
- 자크 데리다(Jacques Derrida, '해체론'의 창시자-옮긴이)의 해체주의자 정책을 일반상대론이 지지하고, 라캉의 관점은 위상기하학이 후원하며, 프랑스의 페미니즘 학자인 뤼스 이리가레(Ms. Luce-Irigaray, 철학적 페미니즘의 주도적 창도자의 한 사람-옮긴이)의 견해는 양자중력과 밀접한 관련이 있다.

소칼의 논문에서 가장 흥미로운 부분은 과학이 '진보적인 정치실천의 구체적 도구'가 되기 전에 스스로 고전 수학에서 탈피해야 한다는 결론이다. 수학의 상수는 사회적 구성 개념일 뿐이다. 파이(π)도 항상 변하지 않는 상수가 아니라 문화적으로 규정된 변수이다!

필자는 독자들이 파이가 다른 개념에서 나타날 때 다른 값을 갖는다는 지적으로 이를 옹호하려 들지 않기를 바란다. 개념이 바뀐다는 말은 프랑스에서 파이를 트와(trois, 3)라고 부른다는 이유로 파이가 3이라고 하는 것과 같다.

파이는 유클리드 기하학의 형식 체계 내에서 정확히 규정된 값이고, 태양계에서건 안드로메다은하의 어떤 행성에서건 같은 값을 갖는다. 시공간이 비유클리드적이란 사실이 파이에는 조금도 영향을 미치지 않는다. 아프리카 부족민들은 파이가 3이라 생각할지 모르지만 그것은 정밀한 값이 아니라 근사치이므로 문제가 되지 않는다. 형식 체계 내의 수학의 확실성과 실재 세계에 적용하는 데 있어서의 불확실성 간의 혼동은 무지한 사회학자가 종종 저질러온 보편적인 실수이다.

소칼의 속임수로 미디어는 난리가 났다. 제니 스콧(Janny Scott)의 짤막한 글「교활하게 해체된 포스트모던 중력」이 〈뉴욕타임스(New York Times)〉 5월 18일자 앞면을 장식했고, 5월 26일자에는 에드워드 로트슈타인(Edward Rothstein)의 「엉뚱하게 파이가 정말로 비열한 작자에게 뭇매를 맞을 때」란 글이 게재되었으며, 로저 킴벌(Roger Kimball)은 〈월스트리트저널(Wall Street Journal)〉에 「학문이라고 하는 벌집 속에 존재하는 고통스런 통증」에 대해 썼다. 조지 윌(George Will)은 자신이 발행한 칼럼에서 소칼의 사기극을 흡족해하면서, 〈소셜 텍스트〉가 다시는 '지식층 잡지'로 불리지 못할 것이라고 예견했다.

〈소셜 텍스트〉의 편집진들은 당연히 격노했다. 잡지의 공동 창간자인 스탠리 아로노위츠(Stanley Aronowitz)는 마르크스주의 사회학자이기도 했다. 그는 소칼에 대해 "제대로 읽은 것도 없고 교양도 없다."고 낙인찍었다. 또 다른 좌파인 동시에 이번 사안에 책임이 있는 앤드루 로스(Andrew Ross)는 자신과 편집진들이 소칼의 글에 대해 '어리석고 미숙하다'고 생각했었다고 말했다. 그렇다면 그들은 그것을 왜 발표했는가? 소칼에 대해 조사해보고 그가 과학자로서의 자격이 충분하다고 판단했기 때문이었다.

소칼의 속임수를 가장 강도 높게 비판한 사람은 스탠리 피시(Stanley Fish)였는데, 그는 듀크 대학(Duke University)의 영국인 교수이자 〈소셜 텍스트〉를 출판하는 듀크대 출판부 이사였다. 피시는 실존주의를 대신하여 불명료하고 급변하는 프랑스의 사조이자 최근 프랑스 철학의 일시적 유행인 해체주의의 매력에 오랫동안 심취해 있었다. 그는 〈뉴욕타임스〉 5월 21일자 서명기사란에 기고한 「소칼 교수의 비열한 농담」에서 외부 세계가 관찰과 무관하다고 생각하는 과학사회학자들은 아무도 없다고 강력히 부인하면서 바보들이나 그렇게 생각한다고 말했다. 사회학자들은 관찰자들이 실재 세계에 대해 말하는 것은 "그들의 능력, 교육, 훈련 등에 비례할 뿐"이라고 주장한다.

쉽게 말해, '저편 어딘가에' 객관적 특성을 지닌 구조화된 세계가 물론 존재하겠지만, 과학자들이 말하는 방식은 분명 문화적이라는 것이다. 이보다 더 쓸데없는 말이 있을 수 있을까? 과학자들이 말하는 방식은 분명 문화의 일부이다. 인간이 행하고 말하는 모든 것은 당연히 문화의 일부이다.

피시는 우리가 만들지 않은, 우리와 무관한 거대한 우주가 저편에 있음을 인정하면서도 과학을 야구에 비유하여 과학적 진실과 언어의 차이를 모호하게 하고 있다. 그는 야구가 투수가 있는 마운드에서 홈플레이트까지의 거리 같은 객관적 사실을 포함하고 있다고 주장하고선 이렇게 묻는다. "(당신이 인간이란 행위자와 물리학적인 실재가 무관하다는 것을 이해한다면) 볼과 스트라이크는 자연적인 것인가?" 피시의 대답은 이렇다. "No!" "볼과 스트라이크는 사회적 구성물인가?" "Yes!"

이것을 좀더 깊이 검토해보자. 여기서는 볼과 스트라이크가 문화적으로 규정된다는 의미가 명백하다. 침팬지와 (대부분의) 영국인들은 야구를 하지 않는다. 체스와 브리지의 규칙과 마찬가지로 야구 규칙은 자연의 일부가 아니다. 누가 여기에 이의를 제기할 수 있겠는가? 피시는 투수가 던진 공이 '저편'에 있다는 것을 부인할 수 없다. 투수가 던진 공이 심판에 의해 볼 또는 스트라이크로 선언될 객관적인 경로를 따라가기 때문이다. 컴퓨터에 연결된 카메라도 심판의 일을 똑같이, 혹은 더 잘 해낸다. 그런 결정은 물론 문화적인 규칙에 따르지만, 공의 궤도가 어떤지, 공이 특정한 경계를 갖는 플레이트를 지나가는지는, 혜성이 목성을 향해 '스트라이크로 날아가는' 경로만큼이나 자연의 일부인 것이다.

이런 더없이 진부한 논의 뒤에 숨겨진 더욱 심오한 문제는 야구 규칙이 과학의 법칙과 비슷한가 아니면 근본적으로 다른가이다. 둘은 명백히 근본적으로 다르다. 체스와 브리지 규칙처럼 야구 규칙도 인간이 만든 것이다. 그러나 과학의 법칙은 그렇지 않다. 과학의 법칙은 관찰·논거·실험에 의해 발견된다. 뉴턴도 중력 법칙을 생각하고 써놓은 것뿐이지 창안한 것이 아니다. 생물학자들은 디엔에이(DNA) 나선 구조를 '고안한' 것이 아니라 관찰했다. 화성의 궤도는 사회적 구성물이 아니다. 아인슈타인은 게임 규칙을 정하듯 질량에너지등가원리($E=mc^2$)를 만들지 않았다. 과학 법칙을 야구 규칙이나 교통법규 또는 패션 경향과 같은 맥락으로 이해하면 어디에도 다다를 수 없는 그릇된 분석만 낳게 된다.

사회학자들이 외부 세계를 부정할 만큼 바보가 아닌 것처럼 물리학자들도 문화가 과학에 끼친 영향을 부정할 만큼 어리석지 않다. 비슷한 예로 문화는 어떤 종류의 연구에 기금을 지원해야 할지 폭넓은 범위에서 결정할 수 있다. 그리고 실제로 과학에는 유행이 있다. 물리학의 최근 경향은 입자의 초끈이론(Super-string Theory, 물체의 근원이 '진동하는 가느다란 끈'이라는 것으로 양자역학과 상대성 이론을 통합하여 거시세계와 미시세계의 물리법칙을 하나의 일관된 체계로 설명하고, 우주와 자연의 궁극적인 원리를 밝혀낼 가능성이 아주 커지기에 각광받는 이론-옮긴이)이다. 초끈 이론은 현재 가능하지 않고 그것이 유용할지 사장될지를 판가름하는 실험에만 수십 년이 걸릴 수 있다. 객관적 진리를 찾기 위해 주저 없이 다가서는 과학의 행보는 오직 괴팍한 철학자들과 경험이 전무한 문예 비평가, 잘못 알고 있는 사회과학자들에 의해 부정될 수 있다. 그러나 설명과 예측에서, 특히 기술의 눈부신 발전에서 과학이 이루어낸 환상적인 성공은 과학자들이 우주의 행동양식에 관해 꾸준히 더 많이 연구하고 있다는 증거가 된다.

과학의 주장은 확률 1(정)과 확률 0(부) 사이의 연속선 위에 있지만, 수많은 과학의 발견들은 연속선을 나누는 아홉 개 자리표 정도로 표현되는 수준에서 확인되었다. 이론이 이것을 강력히 입증하게 되면 그것은 마침내 '사실'이 된다. 지구는 둥글고 태양 주위를 돌고 있으며, 이 지구에서 백만 년 전보다 더 이전에 생명이 진화했다는 것과 같은 사실 말이다.

알프레드 타르스키(Alfred Tarski, 폴란드 출생의 미국 수학자·논리학자-옮긴이)는 자신의 유명한 의미적 진리 개념을 이용하여, '진리'가 '실재와의 일치'를 의미하지 않으며 진리 테스트에서 성공적으로 통과한 것에 지나지 않는다고 하는 별난 견해에 치명적 타격을 가했다. 즉 '눈이 하얗다'는 명제는 오로지 눈이 하얀 때에 한해서 참이라는 것이다. 이 개념은 아리스토텔레스까지 거슬러 올라간다. 과거의 철학자 대부분과 모든 과학자들, 또한 평범한 사람들 모두 무엇을 참이라고 할 때 그 '의미'를 이러한 개념으로 받아들였다. 아직도 존 듀이(John Dewey, 미국의 실용주의를 대표하는 철학자-옮긴이)의 진부한 인식론을 받아들이는 소수의 실용주의자들만이 이를 부정하고 있다.

과학을 객관적 진리에 대한 지속적이고 성공적인 연구라기보다는 신화라고 여기는 사람들은 '포스트모더니즘적'이란 용어 하에 강하게 집결해왔다. 여기에는 프랑스의 해체주의자, 몇몇 구식 마르크스주의자, 소수의 분노한 페미니스트와 아프리카 중심주의를 지지하는 아프로센트리스트(Afrocentrist)가 포함된다. 이들은 과학의 역사가 남성과 백인 우월주의(쇼비니즘)에 의해 심하게 왜곡되어왔다고 생각한다. 왜 사람들은 유체역학보다 고체역학을 먼저 연구했을까? 믿기 어렵겠지만, 한 급진적인 페미니스트는 그 이유가 남성의 성기관이 딱딱해지면서 유체가 월경시의 출혈과 질 속의 은닉처를 제공하기 때문이라고 주장한다!

포스트모더니즘적 반실재론(antirealism)의 전형적인 예는 브루스 그레고리(Bruce Gregory)의 『실재의 발명: 언어로서의 물리학(Inventing Reality: Physics as Language)』이다. 책의 제목이 모든 것을 말해준다. 그런 실없는 소리에 대한 더욱 확실한 비판을 접하고 싶다면, 하버드 대학의 물리학자이자 과학사가인 제럴드 홀튼(Gerald Holton)이 쓴 『아인슈타인, 역사, 그리고 또 다른 열정: 20세기 말 과학에 대한 반란(Einstein, History, and Other Passions: The Rebellion Against Science at the End of the Twentieth Century)』을 적극 추천한다.

토머스 쿤(Thomas Kuhn)의 유명한 저서인 『과학혁명의 구조』는 포스트모더니즘의 악영향에 책임이 있다. 실용주의자인 쿤은 과학의 역사를 지속적으로 변하는 일련의 '패러다임'으로 보았다. 그의 책 마지막 장에는 다음과 같은 믿기 어려운 문구가 적혀 있다.

"더 정확해지기 위해 우리는, 패러다임의 변화가 과학자들과 그들에게서 배우는 사람들이 진리에 더욱 가까워지도록 한다는 명시적인 혹은 내재적인 개념을 포기해야 할 수도 있다."

마치 코페르니쿠스가 프톨레마이오스보다 정확하지 않았고, 아인슈타인이 뉴턴보다 정확하지 않았고, 양자이론이 이전의 물질이론보다 정확하지 않았다는 말과 같다! 쿤의 말이 불합리한지를 알려면 켜져 있는 텔레비전을 흘끗 보기만 해도 된다.

피시와 그 친구들은 객관적 진리를 거부하는 데 그토록 극단적이지는 않았다. 그들의 잘못은 문화가 과학에 미친 영향을 지나치게 강조했고 무엇보다도 그들의 저술 양식이 너무도 모호했다는 데 있다. 문화와 과학사의 상호작용에 대한 검토는 언젠가는 새롭고 가치 있는 통찰에 도달할 수도 있을 훌륭한 일이다. 이는 지금껏 카를 만하임(Karl Mannheim, 지식사회학이라는 새로운 사회학 분야를 개척한 독일 사회학자—옮긴이)과 다른 지식사회학자가 일찍이 여러 번 말한 적이 있다. 한편 포스트모더니즘이 명확히 말하는 법을 배웠다면 좋았을 것이다. 과학자와 보통 사람들은 우리가 만들지 않은 구조와 법칙으로 이루어진 외부 세계가 당연히 존재한다고 말한다. 과학의 언어는 언어와 과학의 경계를 확실히 하고, 과학사회학자의 언어는 이 보편적인 차이를 모호하게 한다.

피시가 물고기는 자연의 일부가 아니라 단지 문화적 구조물일 뿐이라고 주장하여, 하마터면 모든 이를 놀라게 할 뻔했다. 그 같은 기괴한 관점에 대해 해명하라는 압력을 받은 그는 진짜로 물속에 있는 '실재하는' 물고기를 말한 것이 아니라 그저 물고기란 '말'을 했을 뿐이라고 설명하여 분위기를 전환시켜야 했다. 어쩌면 과학자와 과학사회학자들은 기본적인 관점에서는 서로 의견이 다르지 않을 것이다. 단지 사회학자들과 포스트모더니스트들이 이상하게 말할 뿐이다. 그래서 그들이 부단히 노력했으나 실현할 수 없었던 것을 소칼이 그들 잡지 중 하나에서 더 이상하게 말했을 때 그토록 우스웠던 것이다.

이인식

서울대학교 전자공학과를 졸업하고 과학문화연구소 소장, 국가과학기술자문위원으로 활동 중이다. 〈동아일보〉〈한겨레〉〈조선닷컴〉 등에 기명칼럼을 장기간 연재하였다.
지은 책으로 『사람과 컴퓨터』(1992) 『미래는 어떻게 존재하는가』(1995) 『21세기 키워드』(2000) 『이인식의 성과학 탐사』(2002) 『이인식의 과학생각』(2002) 『미래신문』(2004) 『이인식의 과학나라』(2004) 『나는 멋진 로봇친구가 좋다』(2005) 등이 있으며, 엮은 책으로 『현대 과학의 쟁점』(2001) 『나노기술이 미래를 바꾼다』(2002) 등이 있다.

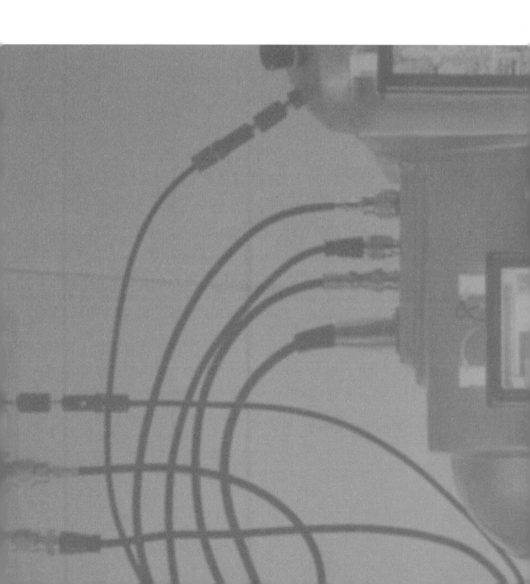

3

과학과 인문학은
어떻게 만나는가

제3의 문화가 이미 존재하고 있는 듯이 말한다는 것은 시기
상조일 것이다. 그러나 그것이 다가오고 있다는 것을 나는 확
신하고 있다.

– C. P. 스노우

1

1959년 영국의 물리학자이자 작가인 C. P. 스노우(Charles
Percey Snow, 1905~1980)는 케임브리지 대학의 리드 강연으로 세계
적인 명사가 되었다. 스노우의 강연 제목은 〈두 문화와 과학혁명〉이
었다. 그는 현대 서구 사회의 지적 생활이 문학적 지식인들의 인문
적 문화와 자연과학자들의 과학적 문화로 양극화되었으며, 이 두
문화 사이의 단절이 심각하여 사회 발전에 치명적 요인이 된다고
주장하였다. 스노우는 두 문화 사이의 몰이해가 상대방에 대한 왜
곡된 이미지에서 비롯되었음을 지적하고, "비과학자들은 과학자가
인간의 조건을 알지 못하며, 천박한 낙천주의자라는 뿌리 깊은 선
입관을 가지고 있다. 한편 과학자들이 믿는 바로는, 문학적 지식인
은 전적으로 선견지명이 결여되어 있으며, 자기네 동포에게 무관심

하고, 깊은 의미에서는 반지성적이며, 예술이나 사상을 실존적 순간에만 한정시키려고 한다."고 비판했다.

스노우의 리드 강연은 같은 해에 『두 문화(*The Two Cultures*)』로 출간되었으며 1963년에 증보판이 나올 정도로 세계적인 반응을 불러일으켰다. 그는 증보판에서 두 문화 사이의 분극화 현상을 극복하는 제3의 문화(a third culture)의 필요성을 역설하였다. 그로부터 30여 년이 지난 1995년 미국의 과학저술가인 존 브록만(John Brockman)은 스노우의 용어를 빌려 『제3의 문화(*The Third Culture*)』를 펴냈다. 브록만은 미국의 경우 우주와 인간의 본질에 관한 논의에서 과학이 문학이나 철학 대신에 중심 역할을 하고 있다고 주장하고, 이러한 과학자들에 의해 형성되는 새로운 문화를 제3의 문화라고 규정하였다.

이 책에 소개된 23명의 면면을 살펴보면 인지과학, 복잡성과학 그리고 생물 진화론의 세계적인 명망가들이 망라되어 있다. 이들의 공통점은 전공분야에서 쟁쟁한 이론가일 뿐만 아니라 뛰어난 글솜씨로 일반 대중들에게 새로운 관점에서 자연과 삶의 심원한 의미를 제시하고 있다는 것이다. 과학자들임에도 불구하고 전통적인 인문학자 못지않게 활발한 저술 활동을 전개하며

『제3의 문화(*The Third Culture*)』

인류가 직면한 핵심 쟁점들에 대해 목소리를 높이고 있는 것이다. 과학을 경원시하는 인문학자들이 자신들만의 폐쇄적인 어휘를 사용해 말장난을 일삼는 동안 현실세계와 갈수록 유리되는 것과는 달리, 이러한 과학자들은 인간과 자연에 대한 연구결과를 대중들에게 효과적으로 전달함으로써 미국 사상계의 무시 못할 세력으로 부상하기에 이르렀다.

제3의 문화를 주도하는 과학자로 소개된 사람들은 대부분 우리나라에 저서가 번역 출간될 정도로 대중에게 널리 알려진 인물들이다. 예컨대 물리학자로는 폴 데이비스(Paul Davies), 머레이 겔만(Murray Gell-mann), 로저 펜로즈(Roger Penrose), 마틴 리즈(Martin Rees), 생물학자로는 리처드 도킨스(Richard Dawkins), 스티븐 제이 굴드(Stephen Jay Gould), 스티브 존스(Steve Jones), 조지 윌리엄스(George Williams), 린 마굴리스(Lynn Margulis), 프랜시스코 바렐라(Francisco Varela), 스튜어트 카우프만(Stuart Kauffman) 등이 포함되어 있다. 컴퓨터 과학자 중에서는 마빈 민스키(Marvin Minsky), 크리스토퍼 랭턴(Christopher Langton), 로저 솅크(Roger Schank) 등이 철학자 다니엘 데넷(Daniel Dennett), 심리학자 스티븐 핀커(Steven Pinker)와 함께 소개되었다. 이들의 저서를 접한 적이 있는 국내 독자들이라면 미국 사상계의 주도권이 인문학자들로부터 과학자들에게 옮겨지고 있다는 브록만의 주장이 결코 과장된 것은 아니라고 여길 터이다.

제3의 문화 출현의 계기를 조성한 인지과학과 복잡성과학은 두 가지 측면에서 공통점이 있다. 하나는 컴퓨터가 학문의 연구수단으로 등장하면서 태동한 신생학문이라는 점이다. 과학자들은 컴퓨터를 이용하여 자연현상의 모형을 만들고 모의실험(simulation)을 하였다. 컴퓨터로 모델을 만들어 실험을 하게 됨에 따라 자연현상을 컴퓨터를 통해서 이해하는 계산적 견해(computational view)가 출현했다. 특히 사람의 마음과 비선형 세계의 연구에서 계산적 견해는 새로운 돌파구를 마련했다. 계산적 견해를 적용하여 마음을 연구하는 분야가 인지과학이고, 컴퓨터로 비선형적인 현상의 수학적 모델을 만들어 연구하는 분야가 복잡성과학이다.

두 번째 공통점은 인지과학과 복잡성과학 모두 학제간 연구라는 것이다. 인지과학에 의하여 인간의 마음이 비로소 과학적 탐구의 대상이 됨에 따라 철학이나 심리학 등 인문학과의 공동 연구는 당연한 수순이었다. 생물의 진화, 생명이나 생태계와 같은 자연현상 또는 한국의 촛불집회나 국가의 경제 같은 사회현상 등 모든 비선형 세계는 복잡성과학의 연구 대상이기 때문에 가령 생물학과 경제학의 공동 연구가 추진되었다.

이러한 학제간 연구의 출현으로 자연과학과 인문사회과학 사이의 전통적인 구분이 무너지기 시작했다. 과학과 인문학의 수평적 통합으로 학문의 지식체계가 바뀌면서 주도권이 과학자쪽으로 넘어가게 될 수밖에 없었다.

2

사람의 마음은 객관적으로 정의될 수 없는 현상으로 간주되었기 때문에 오랫동안 과학적 연구의 주제가 되지 못했다. 그러나 컴퓨터가 출현하면서부터 하드웨어를 사람의 뇌로, 소프트웨어를 마음으로 보게 됨에 따라 비로소 마음이 과학의 연구대상이 되었다. 사람이 생각하고, 느끼고, 바라는 까닭은 마음의 작용 때문이다. 이 중에서 과학자들이 가장 많은 관심을 갖는 연구주제는 인지(cognition)이다. 일반적으로 지식, 사고, 추리, 문제해결과 같은 지적인 정신과정을 비롯해 지각, 기억, 학습까지 인지 기능에 포함된다. 요컨대 인간이 자극과 정보를 지각하고, 여러 가지 형식으로 부호화하여, 기억에 저장하고, 뒤에 이용할 때 상기해내는 정신과정이 인지이다. 이와 같이 인지 기능이 복잡다단하기 때문에 마음의 연구에 착수한 학자들은 어떤 학문도 다른 학문의 도움 없이 독자적으로 연구를 수행하여 마음의 작용에 관한 수수께끼를 성공적으로 풀어낼 수 없다는 사실을 깨닫게 되었다. 이러한 상황에서 1950년대 중반에 미국을 중심으로 태동한 학문이 인지과학이다.

인지과학의 주요한 특징은 크게 두 가지로 요약된다.

첫째, 인지과학은 철학, 심리학, 언어학, 인류학, 신경과학, 인공지능 등 여섯 개 학문의 공동 연구를 전제한다. 인지과학은 그 역사가 매우 짧지만 동시에 6개 학문에 뿌리를 두고 있으므로 어떤 의미에서는 가장 긴 역사를 가진 과학의 하나라고 할 수 있다.

둘째, 인지과학은 마음을 기호체계(symbol system)로 전제하기 때문에 사고, 지각, 기억과 같은 다양한 인지과정에서 마음이 기호를 조작할 수 있다고 본다. 마음이 기호를 조작하는 과정, 곧 특정 정보를 처리하는 과정을 계산(computation)이라 한다. 따라서 인지과학의 지상 목표는 마음의 작용을 설명해주는 계산이론을 밝혀내는 데 있다. 요컨대 인지과학은 마음을 기호체계로 간주하고, 마음이 컴퓨터의 기호 조작(계산)에 의하여 설명될 수 있을 것으로 기대한다.

마음을 연구하는 방법은 서로 상반된 두 종류가 있다. 하향식(top-down)과 상향식(bottom-up)이다. 일반적으로 전체와 그것을 구성하는 부분의 관계를 설명할 때 전체를 위, 부분을 아래라고 한다. 하향식은 전체(위)가 부분(아래)을 결정하는 것으로 보는 반면에 상향식은 부분의 행동이 전체를 결정하는 것으로 본다. 인지과학의 경우 뇌에 의해 수행되는 인지활동이 '위'라면, 뇌의 신경계 내부에서 발생하는 전기화학적 현상은 '아래'에 해당된다.

뇌와 마음의 관계를 연구하는 학자들은 하향식으로 접근하는 인지심리학과 인공지능, 상향식을 채택하는 신경과학으로 갈라진다. 인지과학의 역사를 되돌아보면 1970년대까지 인공지능과 인지심리학이 우세했지만 마음의 작용을 설명하는 계산이론을 내놓지 못함에 따라 1980년대부터는 상향식의 신경과학이 새로운 대안으로 크게 각광을 받았다.

인지과학자들이 신경과학에 기대를 거는 이유는 자명하다. 현실세계와 상호작용하는 뇌의 구조와 기능에 기초를 두지 않는 마음의 연구는 필연적으로 한계를 드러낼 수밖에 없기 때문이다. 뇌의 생리적 기초와 무관하게 마음을 연구한 인공지능의 약점을 인정한 결과라고 하겠다. 따라서 대부분의 학자들은 인지과학의 미래를 하향식과 상향식의 효과적인 결합에 걸고 있다. 마치 터널을 양쪽 끝에서 뚫고 들어가는 두 명의 인부가 산줄기의 가운데에서 만나는 것처럼 하향식의 인공지능 학자와 상향식의 신경과학자가 중간쯤에서 만나게 될 때 비로소 마음의 이론이 발견될 것으로 기대하고 있는 것이다.

물론 일부에서는 인간이 자신의 마음을 결코 설명할 수 없기 때문에 인지과학이란 존재할 수 없는 허구의 학문이라고 몰아붙인다. 심지어는 각종 연구비를 타내기 위한 계략으로 날조된 공동연구에 불과하다고 매도한다.

이러한 맥락에서 의식(consciousness)을 둘러싼 논쟁은 인지과학의 가능성과 한계를 가늠하는 시금석이 될 법하다.

사람의 의식이란 무엇이며, 뇌에서 어떻게 발생하는가를 완벽하게 설명한 이론은 아직까지 없다. 의식에 관한 정의는 다양하지만 공통적으로 언급되는 의식의 중요한 특성은 자기자각(self-awareness)이다. 자기자각은 자신의 바깥을 알아채는 단순한 자각과는 달리 '나는 추위를 느낀다' 또는 '나는 만족스럽다'라고 생각하는 것처럼 스스로 자신의 내면을 느껴서 아는 것을 의미한다. 자각을 주관적으로 경험하는 능력이 자기자각이다. 요컨대 자기자각은 우리가 어떤 것을 안다는 사실을 우리가 아는 것을 뜻한다. 자기 자각하는 능력의 결과로 나타나는 마음의 상태를 '의식 있는 마음'이라고 한다.

의식은 오랫동안 과학의 연구 대상이 되지 못했다. 객관성에 의존하는 과학의 입장에서 의식과 같은 주관적인 현상은 수용하기 어려웠기 때문이다.

의식을 과학의 주제로 끌어들인 장본인은 1953년 디옥시리보핵산(DNA)의 분자구조를 밝혀낸 프란시스 크릭(Francis Crick)이다. 1990년 크릭은 과학이 의식을 연구할 시기가 되었다고 선언한다. 이를 계기로 신경과학, 물리학, 철학의 전문가들이 의식 연구에 대거 참여한다.

크릭에 따르면, 의식은 뇌의 상이한 부분에 있는 뉴런(neuron), 즉 신경세포들이 동시에 동일한 주파수에서 진동할 때 생긴다. 크릭은 의식에 관한 자신의 이론을 소개한 저서인 『놀라운 가설(The Astonishing Hypothesis)』(1994)에서 사람의 정신 활동을 전적으로 뉴런의 행동에 의한 것으로 설명한 자신의 이론을 '놀라운 가설'이라고 명명하고 "이 가설은 오늘날 대부분의 사람들의 생각과 다르기 때문에 참으로 놀라운 것이라고 말할 수 있다."고 덧붙였다.

크릭의 놀라운 가설은 이른바 결합 문제(binding problem)를 중요한 쟁점으로 부각시켰다. 모든 물체는 모양과 색채 등 다른 특성을 갖고 있으며 이러한 속성들은 뇌의 상이한 부위에서 제각기 처리된다. 따라서 우리가 하나의 물체를 볼 때 여러 속성들이 뇌의

사람의 뇌는 신경세포(뉴런)의
네트워크로 구성되어 있다.

프란시스 크릭

여러 부위에 있는 뉴런에 의하여 처리된다.

이와 같이 동일한 물체의 다른 속성을 처리하는 뉴런들을 하나로 묶는 방법을 결합문제라고 한다. 크릭은 뉴런들이 동일 주파수에서 동시에 진동하는 것을 결합문제의 해답으로 제안한 셈이다.

그러나 일부에서는 크릭의 경우처럼 신경과학으로 의식을 설명할 수 있다는 주장에 대해 근본적인 회의를 표명한다. 이들은 주로 철학과 물리학 분야의 학자들이다. 대표적인 인물은 영국의 물리학자인 로저 펜로즈이다.

1989년 펜로즈는 인공지능을 가장 호되게 공격한 문제작으로 평가되는 『황제의 새 마음(*The Emperor's New Mind*)』을 펴냈다. 이 책에서 펜로즈는 인공지능의 주장처럼 컴퓨터로 인간의 마음을 복제할 수 없다고 강조하면서, 그 이유는 의식이 뇌의 세포에서 발생하는 양자역학적 현상에 의해 생성되기 때문이라고 주장했다. 그의 양자의식 이론은 신경과학자들로부터 마음의 수수께끼를 풀기는커녕 오히려 신비화시켰다는 비난과 함께 조롱까지 당했으나, 그의 난해한 저서가 뜻밖에도 베스트셀러가 되는 행운을 안았다.

양자역학에 따르면, 물질의 아원자적 단위, 즉 원자 이하의 모든 실체들은 우리가 보는 관점에 따라 때로는 입자, 때로는 파동처럼 행동하는 이중성을 갖는다. 입자는 한곳에 응축된 물질의 작은 덩어리인 반면에 파동은 공간으로 흩어져 퍼져갈 수 있는 형태 없는 떨림이다. 그러나 아원자적 단위는 입자처럼 행동할 때에도 입자적 성질을 희생하며 파동적 성질을 발전시킬 수 있으며, 그 역도

로저 펜로즈와 그의 저서 『황제의 새 마음』(1989)과 『마음의 그림자들』(1994)

그러하다. 요컨대 입자에서 파동으로, 파동에서 입자로 계속 변형한다.

양자역학에서는 파동에서 입자로 바뀔 때 비국소성(non-locality)을 나타내는 것으로 간주한다. 원자 이하의 실체들이 파동 상태에 있을 때에는 공간적으로 떨어져 있는 수많은 장소에 동시에 존재한다. 그러나 파동 상태가 붕괴되어 입자 상태로 되돌아갈 때에는 파동의 한 부분이 붕괴하면 아무리 멀리 떨어져 있다 하더라도 다른 부분들이 같은 순간에 정확하게 붕괴한다. 이와 같이 한 장소에서 일어난 사건이 공간적으로 격리되어 있는 다른 부분들의 행동을 즉각적으로 결정하는 전체적 연결을 비국소성이라고 한다.

펜로즈는 비국소성을, 의식이 뇌의 신경세포에서 발생하는 가장 중요한 이유로 꼽는다. 사람의 뇌에는 무수히 많은 상이한 생각들이 동시에 양자역학의 파동 상태로 존재한다. 이러한 생각들은 파동 상태가 붕괴하면서 결합되어 하나의 의식적 사고가 된다. 이때 뇌의 여러 위치에 존재하는 생각들을 전체적 관련에 의하여 즉각적으로 연결시켜 의식을 발생시킬 수 있는 까닭은, 뇌가 비국소적인 특성을 갖고 있기 때문이다. 말하자면 비국소성은 결합문제에 대한 펜로즈 나름의 해법인 셈이다.

그렇다면 뇌의 어느 부위에서 양자역학이 요술을 부린다는 말인가. 펜로즈는 미세소관(microtubule) 사이에 일어나는 신호 전달이 비국소적 특성을 갖고 있다고 주장한다. 미세소관은 뉴런을 비롯한 거의 모든 세포에서 골격 역할을 하는 세포 내 소기관으로서, 단백질로 만들어진 길고 가느다란 관이다.

펜로즈는 미세소관을 의식의 뿌리로 지명하고『마음의 그림자들(Shadows of the Mind)』(1994)에서 뇌가 문제를 해결할 때 미세소관 수준과 뉴런 수준의 두 개 수준이 필요하지만 뉴런 수준은 마음의 물리적 기초인 미세소관 수준의 그림자에 불과할 따름이라고 주장한다.

의식에 관한 이론은 크릭의 '놀라운 가설'에서 펜로즈의 '양자의식 이론'까지 천차만별이다. 한편 일부 철학자들은 과학이 결코 의식을 이해할 수 없다고 주장한다. 영혼처럼 의식 역시 인간의 능력으로는 불가해한 그 무엇이 아닐는지.

3

　수도꼭지를 처음 열 때 나오는 둥근 모양의 층류는 규칙적이며 예측 가능한 행동을 나타내지만 수도꼭지를 좀더 열 때 물줄기가 가닥을 이루며 발생하는 난류는 불규칙적이며 예측하기 어려운 행동을 보여준다.

　층류는 작은 입력으로 균등하게 작은 효과를 거둘 수 있는 선형적 행동을 보여준 반면에 난류는 작은 입력으로 막대한 효과를 유발시킬 수 있는 비선형적(nonlinear) 행동을 나타낸 것이다.

　비선형적 특성을 보여주는 대표적인 예는 혼돈(chaos)이다. 카오스는 "오늘 서울에서 공기를 살랑거리는 나비가 다음 달에 뉴욕에서 폭풍우를 몰아치게 할 수 있다."는 이른바 나비효과처럼 '초기 조건에 민감한 의존성을 가진 시간 전개'라고 정의된다. 혼돈은 대기의 무질서, 하천의 급류, 사람의 심장에서 나타나는 불규칙적인 리듬, 주식가격의 난데없는 폭락처럼 우리 주변에서 불시에 나타난다.

　카오스는 오랫동안 우리 곁에 존재했다. 그러나 지난 3세기 동안 서양과학의 사고방식을 지배한 고전물리학의 결정론에서는 혼돈과 같은 우연을 공들여 설명할 필요가 없었기 때문에 카오스가 학문적으로 연구된 것은 1960년대부터이다. 요컨대 카오스는 이해받게 될 날이 오기를 기다리며 고전물리학의 결정론적인 자연법칙에 숨어 있었을 따름이다.

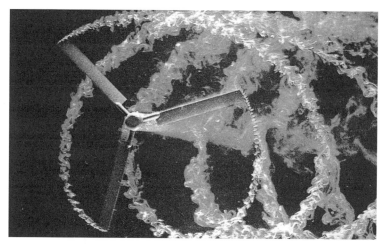

난류 – 프로펠러 날개 끝에 피어오르는 연기

1963년 미국 기상학자인 에드워드 로렌츠(Edward Lorenz)는 컴퓨터로 기상을 모의실험하던 도중에 우연히 나비효과, 곧 카오스를 처음 발견했다. 로렌츠가 카오스를 찾아냈을 때 컴퓨터 화면에는 일정한 모양새를 가진 그림이 나타났다. 혼돈(불규칙성) 속에 모양(규칙성)이 숨어 있었던 것이다. 이른바 규칙적인 불규칙성(regular irregularity)의 발견으로 혼돈과학이 출현하였다.

비선형적 행동을 나타내는 자연 및 사회현상의 광대한 영역에 비추어볼 때 카오스의 발견은 빙산의 일각에 불과할지 모른다. 비선형계에는 혼돈 대신에 질서를 형성하는 복잡성(complexity)의 세계가 존재하기 때문이다. 복잡성이란 단순한 질서와 완전한 혼돈 사이에 있는 상태를 말한다. 이를테면 사람의 뇌나 생태계 같은 자연현상과 주식시장이나 세계경제 같은 사회현상은 결코 완전히 고정된 침체 상태나 완전히 무질서한 혼돈 상태에 빠지지 않고 혼돈과 질서가 균형을 이루는 경계면에서 항상 새로운 질서를 형성하고 유지한다. 이처럼 자발적으로 질서를 형성하는 것을 자기조직화(self-organization)라고 한다.

자기조직화 현상에 도전하여 학문적 성과를 거둔 대표적 인물은 벨기에의 화학자인 일리야 프리고진(Ilya Prigogine)이다. 그는 1977년 비평형 열역학의 비선형 과정에 대한 연구업적으로 노벨상을 받았다.

열역학에서 비평형 상태의 계는 외부로부터 유입되는 에너지의 양에 따라 평형에 가깝거나 또는 평형에서 먼(far-from-equilibrium) 상태가 된다. 계에 작용하는 열역학적 힘이 선형적이면 평형에 가까운 상태가 되고, 비선형적이면 평형에서 멀리 떨어진 상태가 된다.

프리고진은 열역학적으로 평형에서 먼 상태에 있는 계에서 질서가 갑자기 자연발생적으로 나타나는 현상의 기초가 되는 것은 비선형성이라는 결론을 얻고 요동을 통한 질서(order through fluctuation)라고 명명된 이론을 발표하였다.

비평형 상태의 계는 불안정하므로 끊임없이 요동한다. 작은 요동은 비선형 과정에 의해 거대한 요동으로 증폭된다. 증폭된 요동이 격심해지면 종래의 구조는 파괴되지만 자기조직화 과정을 통해 혼돈으로부터 새로운 질서가 자발적으로 출현한다. 프리고진은 이와 같이 미시적 요동이 평형계나 평형에 가까운 계에서 안정된 행동을 보이는 것과는 달리 평형에서 먼 계에서 새로운 거시적 질서를 만들어내는 것을 발견하고, 요동을 통한 질서이론을 발표한 것이다.

그리고 비평형 상태에 있는 계에서 비선형 과정에 의해 자발적으로 형성되는 구조를 무산구조(dissipative structure)라고 명명했다.

프리고진이 무산구조를 보여주기 위해 제시한 자기조직화의 사례는 아메바의 활동, 유체역학, 무기화학 작용, 그리고 생물학에 이르기까지 그 종류가 다양하다. 특히 생명현상의 본질을 무산구조로 설명함에 따라 찬반논쟁이 일어났으며 프리고진은 일개 과학자가 아니라 사상가로 주목을 받기에 이르렀다.

한편 카오스의 발견을 계기로 동역학에서는 비선형계에 대한 연구가 활기를 띠게 되었다. 컴퓨터가 등장할 때까지 비선형동역학의 연구가 지지부진했던 이유는 사람의 뇌나 증권거래소처럼 복잡성을 지닌 계의 행동이 인간의 능력으로 파악이 불가능할 정도로 수많은 변수에 의해 결정되기 때문이다.

컴퓨터를 사용하여 복잡성을 지닌 계로부터 골라낸 수천 가지의 변수로부터 과학자들은 하나의 놀라운 사실을 발견했다. 단순한 구성요소가 수많은 방식으로 상호작용하기 때문에 복잡성이 발생한다는 사실이 확인된 것이다. 복잡성은 단순성이 그 기초를 이루고 있다는 뜻이다. 예컨대 뇌는 수백억 개의 신경세포가 연결되어 있고 증권거래소는 수많은 투자자들로 들끓고 있다. 이러한 복잡한

계는 환경의 변화에 수동적으로 반응하지 않고 구성요소를 재조직하면서 능동적으로 적응한다. 따라서 복잡적응계(complex adaptive system)라 일컫는다.

복잡적응계는 산타페 연구소(SFI)의 상징이다. 1984년 미국의 산타페에 설립된 이 연구소는 복잡성과학의 메카이다. SFI의 목표는 복잡적응계에서 질서가 자발적으로 형성되는 자기조직화의 원리를 밝히는 데 있다.

복잡적응계는 자기조직화 능력을 갖고 있으므로 단순한 구성요소가 상호간에 끊임없는 적응과 경쟁을 통해 완전히 고정된 상태나 완전히 무질서한 상태에 빠지지 않고 항상 보다 높은 수준의 새로운 질서를 형성해낸다. 이를테면 단백질 분자는 생명체를 형성한다.

단백질 분자는 살아 있지 않지만 그들의 집합체인 생물은 살아 있다. 생명처럼 구성요소(단백질)가 개별적으로 갖지 못한 특성이나 행동이 구성요소를 함께 모아놓은 전체구조(유기체)에서 돌연히 자발적으로 출현하는 현상을 창발성(emergence)이라 한다. 말하자면 창발성은 전체가 그 부분들을 합쳐놓은 것보다 크다는 의미이다.

창발성은 복잡성과학의 핵심 주제이다. 따라서 복잡성과학은 자연을 해석하는 새로운 틀을 제공하는 셈이다. 지난 3세기 동안 서양과학은 환원주의에 의존했다. 결정론적인 선형계는 간단한 구성요소로 나누어 이해하면 그것들을 조합하여 전체를 파악할 수 있기 때문이다. 그러나 복잡적응계와 같은 비선형계는 전체가 그 부분들을 합쳐놓은 것보다 항상 크기 때문에 환원주의의 분석적인 틀로는 이해할 수 없다. 대부분의 자연 및 사회현상은 성질상 종합적이고 전일적이다. 복잡성과학의 등장으로 사물을 하나의 통합된 전체로 파악하는 전일주의가 부상하게 된 것이다.

산타페 연구소에는 물리학, 생물학, 경제학, 사회학, 컴퓨터 과학의 기라성 같은 인물들이 둥지를 폈다. 노벨상을 받은 학계의 원로들인 물리학의 머레이 겔만과 필립 앤더슨(Philip Anderson), 경제학의 케네스 애로우(Kenneth Arrow)를 비롯해서 스튜어트 카우프만, 크리스토퍼 랭턴, 윌리엄 브라이언 아더(William Brian Arthur), 던컨 와츠(Duncan Watts) 등 중견학자들이 괄목할 만한 성과를 거두었다.

생물학자인 카우프만은 개체발생(ontogeny)에 관심을 가졌다. 모든 세포는 거의 동일한 유전정보를 갖고 있음에도 불구하고 분열이 거듭됨에 따라 고유의 구조와 기능을 갖게 된다. 이러한 세포분화의 수수께끼를 풀기 위해 카우프만은 유전자의 활동을 제어하는 체계를 비선형계로 상정하고 반혼돈(antichaos)이라는 수학적 개념을 창안했다. 비선형계가, 무질서에서 자발적으로 질서가 형성되는 반혼돈 특성을 갖고 있다는 아이디어이다. 이러한 질서는 자연발생적으로 존재하는 질서라는 의미에서 부존질서(order for free)라고 명명했다. 부존질서는 자기조직화의 산물에 다름아니다.

카우프만은 『우주의 안식처에서(*At Home in the Universe*)』(1995)에서 생물체의 진화는 자연도태와 자기조직화의 결합으로 이해되어야 한다는 독창적인 이론을 개진했다. 생물체가 갖고 있는

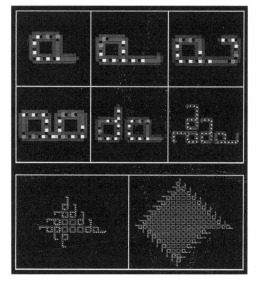

크리스토퍼 랭턴이 개발한 인공생명 프로그램은 큐(Q)자 모양의 생명체가 증식하는 과정을 보여준다.

질서는 오로지 자연도태의 결과라고 확신하는 생물학의 통념에 도전한 것이다. 말하자면 카우프만은 생물체가 우연의 산물임과 동시에 질서의 산물이라는 주장을 한 셈이다.

랭턴은 1987년 인공생명(artificial life)이라는 새로운 컴퓨터 과학의 발족을 주도했다. 인공생명은 '생물체의 특성을 나타내는 행동을 보여주는 인공물의 연구'라고 정의된다. 랭턴은 구성요소가 완전히 고정되거나 완전히 무질서한 행동을 할 경우에는 무생물의 집단에서 생명이 솟아날 수 없다고 생각했다. 질서와 혼돈 사이에 완벽한 평형이 이루어지는 영역에서 생명의 복잡성이 비롯된다는 것이다. 이와 같이 혼돈과 질서를 분리시키는 극도로 얇은 경계선을 '혼돈의 가장자리(edge of chaos)'라고 한다. 요컨대 생명은 혼돈의 가장자리에서 창발하는 것이다.

　인공생명의 핵심개념은 창발적 행동이다. 구성요소의 상호작용이 생명체의 행동을 보여줄 수 있도록 구성요소를 조직한다면 인공생명의 합성이 가능하다는 의미이다. 따라서 컴퓨터를 사용하여 생물처럼 자기를 복제하거나 진화하는 소프트웨어를 개발하게 되었다.

　아더는 경제를 자기조직하는 계로 규정한 프리고진의 글을 읽고 수익체증(increasing return)이 새로운 경제학의 기초가 될 수 있다고 확신했다. 수익체증은 신고전파 경제학의 수익체감과 맞서는 개념이다. 신고전파 이론에 따르면 시장의 조절 기능에 의해 수요와 공급의 균형이 유지되고 어떤 회사도 시장을 독점할 만큼 강력하지 못하며, 경제는 항상 완전한 평형상태에 놓여 있다. 그러나 아더는 경제를 불안정하고 예측 불가능하며 수익체증의 원리가 적용되는 복잡적응계로 보아야 한다고 주장했다. 수익체증이란 시장에서 한 번 앞서면 더욱 앞서 나가게 되고 우위를 한 번 빼앗기면 더욱 악화되는 경향을 의미한다.

　아더는 수익체증 이론이 수익체감의 존재를 부인하는 것은 아니라고 강조한다. 두 현상은 병존하며 보완적이다. 수익체감은 곡물, 중화학, 식품류처럼 안정되고 변화가 느린 대량생산 세계를 지배하는 반면에 수익체증은 소프트웨어 등 승자가 거의 모든 것을 거머쥐는 정보산업에서 두드러지게 나타난다.

윌리엄 브라이언 아더

와츠는 물리학을 전공한 사회학 교수로서 네트워크 과학(network science)의 발족을 주도했다. 네트워크 과학은 이 세상의 모든 것들이 서로 연결되어 있다고 전제한다. 가령 지구상의 모든 사람들은 다섯 다리만 건너면 어느 누구와도 안면을 틀 수 있다는 여섯 단계의 분리(six degrees of separation) 개념은 네트워크 과학의 출발점이다. 와츠는 이 개념으로부터 인류 모두가 긴밀하게 연결될 정도로 지구가 비좁다는 의미에서 작은세계(small world) 이론을 창안했다. 와츠는 그의 저서인 『여섯 단계(Six Degrees)』(2003)에서 작은세계 이론으로 현실세계의 다양한 현상들, 예컨대 전염병이나 헛소문의 확산, 문화의 유행, 인터넷, 조직의 혁신, 경제의 거품 현상, 정치 격변 따위를 설명하였다. 네트워크 과학은 물리학, 생물학, 경제학, 사회학, 컴퓨터 과학의 학제간 연구를 도모하여 복잡한 현실세계를 새롭게 해석한다.

한편 복잡적응계의 창발성을 연구하는 학자들은 자기조직화 원리로 세계를 이해하는 데 머물지 않고 세계를 변화시키려고 시도한다. 따라서 창발성의 법칙을 이용하여 만든 다양한 인공 창발성이 일상생활의 여러 측면에 영향을 끼치고 있다. 비디오 게임이나 인공생명 분야의 각종 창발적 소프트웨어, 창발성 원리를 응용한 예술 작품 등이 속속 선보이고 있다.

또한 창발성으로 정치적 운동을 설명하기도 한다. 창발의 정치학에서는 1999년의 세계무역기구(WTO) 회의 반대 시위, 2001년 필리핀에서 대통령을 몰아낸 '피플 파워', 2002년 여름에 월드컵 축구대표팀을 응원한 붉은악마, 가을에 미군 장갑차 사고로 숨진 여중생들을 추모한 촛불시위, 겨울에 노무현 대통령의 당선에 지대한 영향력을 끼친 노사모의 집단적 행동, 2004년 봄 연인원 150만 명 이상이 참여한 대통령 탄핵반대 촛불집회를 자기조직화된 대중들의 집단적 힘이 표출된 사례로 꼽는다.

4

찰스 다윈(Charles Darwin)의 진화론은 여러 학문에 영향을 끼쳐 새로운 학제간 연구가 출현하였다. 이를테면 진화생물학을 의학에 응용하려는 다윈 의학, 진화론적 관점에서 경제현상을 분석하는 진화경제학, 진화론을 형이상학에 접목시키는 진화론적 인식론, 인간의 도덕성을 진화의 산물로 간주하는 진화윤리학, 사람의 마음을 진화론에 의해 설명하는 진화심리학(evolutionary psychology)을 태동시켰다.

찰스 다윈

진화론의 중심 개념은 자연선택이다. 자연선택 이론은 적자생존으로 규정된다. 적자는 냉혹한 생존경쟁에서 살아남아 그들의 유리한 형질을 자신의 집단 속으로 퍼뜨리고 부적자는 도태되는 것이 자연선택이다.

생물이 자신의 집단 안에서 경쟁하는 다른 개체보다 생존 가능성이 높은 자손을 더 많이 생산하기 위해서는 변화하는 환경에 적응(adaptation)하는 능력을 갖지 않으면 안 된다. 생물학에서 적응이란 자연선택이 오랜 세월 지속적으로 작용하여 생물의 기능 중에서 효과적인 부분만을 선택하여 진화시키는 것을 의미한다. 요컨대 자연선택에 의한 적응은 생존을 위해 유리하게 설계된 생물의 기능을 차등적으로 보전함으로써 끊임없이 변화하는 국지적 환경을 따라잡는 과정이다.

사람의 마음을 이러한 적응의 산물로 간주하는 학문이 진화심리학이다. 진화심리학을 간단히 정의하면 진화생물학과 인지심리학이 결합된 학제간 연구이다.

진화심리학은 1992년 『적응하는 마음(*The Adapted Mind*)』의 출간을 계기로 하나의 독립된 연구분야가 되었다. 이 책은 심리학자인 레다 코스미데스(Leda Cosmides)가 남편인 인류학자 존 투비(John Tooby)와 함께 편집했다. 이들은 진화심리학을 '진화생물학, 인지과학, 인류학, 신경과학의 결합에 근거를 두고 인간의 마음을 설명하려는 접근방법'이라고 정의했다.

1859년 다윈의 『종의 기원(The Origin of Species)』이 출간된 이후 30여 년이 지나서 윌리엄 제임스(William James)가 이끄는 미국의 심리학자들이 생물학적 원리를 심리학에 적용했다. 기능주의(Functionalism)라고 불리는 이 학파는 사람의 감각이나 지각의 내용에 관심을 두기보다는, 감각이나 지각능력을 어떻게 활용하여 잘 대처할 수 있는가 하는 적응적인 행동에 연구의 초점을 맞추었다. 예를 들면 시각의 경우 무엇을 보았는가가 중요한 것이 아니라, 어떻게 물건을 볼 수 있느냐가 더 중요한 문제라고 생각하였다.

진화론의 영향을 받은 제임스는 1890년에 펴낸 『심리학의 원리(Principles of Psychology)』에서 본능(instinct)에 대한 새로운 개념을 제시했다. 동물은 본능의 지배를 받는 반면에 사람은 본능 대신에 이성에 의해 지배되므로 사람이 동물보다 훨씬 지능적이라고 여기는 것이 통념이다. 그러나 제임스는 정반대의 의견을 내놓았다. 그는 사람이 다른 동물보다 많은 본능을 갖고 있기 때문에 사람의 행동이 동물의 행동보다 지능적인 것이라고 주장하였다. 이러한 본능은 정보를 공들이지 않고 손쉽게 자동적으로 처리한다. 따라서 사람들은 본능의 존재에 대해 눈을 감으려는 경향이 있다. 제임스는 이러한 본능장님(instinct blindness)이 심리학 연구에 걸림돌이 된다

존 투비(왼쪽)와
레다 코스미데스 부부

고 생각했다.

대부분의 심리학자들은 자연적 능력(natural competences), 이
를테면 보고 말하고 사랑에 빠지고 은혜를 갚고 공격을 하는 본능
적인 능력의 연구를 회피했다. 제임스의 지적처럼, 이러한 자연적
능력을 발휘하는 메커니즘이 자동적으로 작동됨에 따라 심리학자
들은 그것이 존재한다는 사실을 깨닫지 못했기 때문이다. 결과적으
로 심리학에서 사람의 마음을 자연적 능력의 집합체로 간주하는 연
구는 발을 붙이지 못했다. 따라서 사람이 생각하고 느끼는 모든 것
은 외부 환경으로부터 유래하는 것으로 간주되었다. 말하자면 마음
의 내용은 완전히 사회적 구성물이라는 의미이다. 이러한 견해를

표준사회과학 모델(Standard Social Science Model, SSSM)이라 한다.

코스미데스와 투비에 따르면, 인지심리학, 신경과학, 진화생물학의 연구성과에 의해 표준사회과학 모델이 사람의 마음을 설명하는 데 부적합한 것으로 판명되었으며 그 대안으로 진화심리학이 등장하게 되었다.

진화심리학은 본능장님 문제를 해소하기 위해 진화론으로 접근해서 마음을 연구한다. 따라서 진화심리학은 사람에게 어떠한 자연적 능력이 존재하는지를 연구하고, 이러한 자연적 능력의 집합체가 마음이라는 것을 입증하려고 시도한다. 요컨대 진화심리학의 목표는 진화에 의해 설계된 마음의 구조를 밝히는 데 있다.

진화생물학의 원리와 이론이 마음의 이해에 응용됨에 따라, 심리학은 생물학의 한 분파가 되었다. 이를테면 심리학은 뇌가 정보를 처리하는 방법과 뇌의 정보처리 프로그램이 행동을 일으키는 방법을 연구하는 생물학의 지류가 된 셈이다. 따라서 진화심리학은 진화생물학과 인지심리학에서 도출된 다섯 가지 원리를 적용하여 마음의 구조를 연구한다.

원리 1

뇌는 컴퓨터이다. 뇌를 구성하는 신경회로망은 환경에 적절한 행동을 일으키도록 설계되어 있다.

뇌는 신경세포(뉴런)로 구성된다. 뉴런은 독립적으로 정보를 처리하며 서로 연결되어 있다. 이러한 연결은 회로망으로 볼 수 있다.

뇌의 신경회로망은 석기시대에 수렵채집 생활을 하던 인류의 조상들이 진화의 과정에서 직면했던 문제를 해결하기 위해 자연선택에 의해 설계되었다.

자연선택은 개체의 생존에 영향을 끼치는 문제들, 가령 무엇을 먹고 누구와 짝짓기를 하며 타인과 어떻게 어울릴 것인가 하는 따위의 적응 문제의 해결을 위해 신경회로망을 설계했다.

원리 3

우리가 쉽게 해결한다고 느껴지는 문제들은 대부분 의외로 복잡한 신경회로망을 필요로 한다.

가령 시각의 경우 눈만 뜨고 있으면 우리는 세상을 다 볼 수 있다. 별다른 힘이 들지도 않고 특별히 사고를 할 필요도 없어 보인다. 그러나 결코 그렇지 않다. 우리가 이 글의 첫 줄을 바라본 순간에 글자를 읽을 수 있었던 것은 뇌의 3분의 1 이상이 동원되는 대규모의 계산이 진행되었기 때문이다.

원리 4

상이한 문제해결을 위해 제각기 전문화된 상이한 신경회로망이 존재한다.

뇌는 기능적으로 전문화된 수많은 신경회로망으로 구성된다. 이들을 일러 모듈(module)이라 한다. 뇌는 수백 또는 수천 개의 모듈로 분할될 수 있다.

현대인의 두개골 안에는 석기시대 조상들의 마음이 들어 있다.

인류의 조상은 진화의 시간표에서 99% 이상을 수렵채집 사회에서 살았다.

사람의 마음은 수렵채집하던 조상들이 직면했던 적응문제를 해결하기 위해 자연선택에 의해 설계된 수많은 정보처리 장치들의 집합체인 것이다.

결론적으로 코스미데스와 투비는 뇌의 신경회로망이 오늘날 일상생활의 문제가 아니라 수렵채집 생활의 일상적 문제해결을 위해 설계되었다는 것을 깨달을 때 비로소 현대인의 마음이 어떻게 작용하는지를 이해할 수 있다고 주장하고, 이러한 다섯 가지 원리가 사람의 마음과 행동을 설명하는 데 적용될 수 있는 유용한 도구라고 강조한다.

진화심리학으로 자신의 분야에서 성과를 거둔 대표적인 학자는 스티븐 핑커이다. 1994년 펴낸『언어본능(*The Language Instinct*)』으로 명성을 얻은 그는 '언어는 인간의 본능'이라고 주장했다. 1997년 펴낸『마음은 어떻게 작용하는가(*How the Mind Works*)』는 베스트셀러가 되었다.

캐나다의 심리학 교수 부부인 마고 윌슨(Margo Wilson)과 마틴 데일리(Martin Daly)는 가장 사악한 인간 행동으로 간주되는 부모의 자식 살해를 진화론으로 설명했다.

미국 심리학자인 데이비드 부스(David Buss)는 6대륙 37개 문화권에 속한 1만여 명의 남녀를 대상으로 5년 동안 인간의 성의식을 연구한 결과를 『욕망의 진화(The Evolution of Desire)』(1994)로 펴냈다. 부스는 오늘날 남녀의 짝짓기 전략은 수렵채집하던 인류의 조상들이 문제를 해결하는 과정에서 진화된 것이라고 결론을 내렸다. 2000년 펴낸 『위험한 정열(The Dangerous Passion)』에서는 질투를 진화의 산물이라고 주장했다.

하버드 대학의 심리학자인 낸시 에코프(Nancy Etcoff)는 『미인생존(Survival of the Prettiest)』(1999)에서 아름다운 여자가 짝짓기 경쟁에서 가장 유리하므로 여성미가 진화되었다고 주장했다. 요컨대 여성미는 결코 남성을 위해 만들어진 사회적 구성물일 수 없으며 여성 자신을 위해 진화된 적응의 산물이라는 의미이다.

진화심리학은 생물학에 뿌리를 두고 있음에 따라 행동유전학의 닮은꼴 또는 사회생물학의 지류라는 공격을 받는다.

행동유전학은 유전이 인간 행동의 많은 유형에서 중심적인 역할을 한다고 전제한다. 개인 행동의 차이가 유전적 차이에서 비롯된다고 보는 것이다. 그러나 진화심리학에서는 유전자가 모든 인간에 보편적인 행동의 기초를 이루고 있지만 환경이 개인 행동의 차이에 영향을 끼친다고 본다. 따라서 진화심리학을 행동유전학과 한 묶음으로 간주해서는 안 된다는 주장을 편다.

진화심리학자들은 사회생물학의 일개 지류로 격하시키려는 움직임을 가장 못마땅하게 여기면서 사회생물학이 우생학의 연장 선상에 있음을 상기시킨다. 1972년 미국 우생학회가 만장일치로 거의 60년간 사용한 학회 명칭을 사회생물학 연구학회로 바꾸었기 때문이다. 진화심리학자들은 사회생물학 역시 우생학처럼 생물학적 결정론을 신봉하고 마음의 역할을 무시하기 때문에 마음을 강조하는 진화심리학을 사회생물학의 한 분파 또는 후계 학문으로 보는 것은 부당하다고 반박한다.

5

21세기에는 자연과 물질의 본질을 밝혀낸 20세기와 달리 우리 개개인 안에 숨겨진 본성의 비밀이 과학의 핵심적인 탐구 대상이 된다. 사람의 몸과 마음에 대해 풀지 못한 수수께끼가 아직도 많이 남아 있다는 사실은 21세기 과학이 발전을 거듭할수록 딜레마에 봉착할 것임을 예고한다. 몸과 마음의 신비가 밝혀진다면 인류는 조물주에 버금가는 능력을 갖게 됨과 동시에 그 능력을 과시하고 싶은 유혹을 뿌리치기 어려울 것이기 때문이다. 요컨대 21세기의 과학기술은 양날의 칼이 될 개연성이 어느 때보다 높다.

대표적인 양날의 칼은 생명공학이다. 2004년 10월 인간 게놈 (유전체) 지도가 완성됨에 따라 노화와 사망의 원인은 물론이고 유전

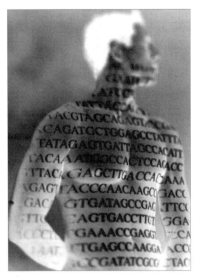
2004년 10월 인간 게놈 지도가 완성되었다.

병이나 암과 같은 질병의 치료법이 발견될 것으로 기대된다.

특히 유전자 치료(gene therapy)가 일반화되면 치료 이외의 목적에 사용될 가능성을 배제할 수 없다. 이를테면 2020년쯤 생식세포의 유전자를 조작하여 설계한 이른바 맞춤아기(designer baby)의 출현이 전망될 정도이다.

맞춤아기 문제는 아직 시간이 남아 있지만 인간복제는 지금 당장 윤리적 문제를 제기하고 있다. 2002년 12월 인간복제 전문회사인 클로네이드가 미국 여성의 체세포로 복제아기를 만들었다고 발표하여 온 세계가 경악했다.

2004년 2월 한국의 황우석 교수는 사람의 체세포와 난자만으로 인간배아 줄기세포를 만드는 데 세계 최초로 성공하여 인간도 복제양 돌리와 같은 방식으로 생명이 만들어질 수 있음을 암시하였다. 물론 이러한 연구는 난치병을 세포 치료로 극복할 수 있는 획기적 계기를 마련했지만 한편으로는 연구과정에서 생성된 핵이식 배아를 여자의 자궁에 착상할 경우 곧바로 인간복제로 이어지기 때문에 윤리적 문제를 안고 있다.

만일 복제인간이 출현한다면 인류 사회는 정체성의 위기에서 허우적댈 것임에 틀림없다. 따라서 21세기에 생명을 다루는 과학자들은 과학과 윤리의 틈바구니에서 고민에 빠질 수밖에 없다. 1999년 6월 유네스코 세계과학회의에서 생명윤리(bioethics)가 21세기 과학기술의 최대 쟁점이 될 것이라고 천명한 것도 그 때문이다.

인체의 게놈보다 훨씬 더 풀기 어려운 21세기 과학의 숙제는 사람 뇌의 수수께끼이다. 과학자들은 두 가지 방향에서 해답을 모색한다.

하나는 뇌에서 발견되는 유전자를 분석하여 유전자의 기능에 따라 지도를 작성하는 연구이고, 다른 하나는 의학영상(medical imaging) 장비로 뇌의 내부를 간접적으로 들여다보고 인지활동에 관련된 뇌의 영상을 찾아내서 지도를 만드는 연구이다. 뇌의 지도가 완성되면 가령 사고의 대륙, 정서의 섬, 의식의 골짜기, 언어의 바다 등 미지의 영역이 그 모습을 드러낼 것이다.

뇌 연구가 성과를 거두면서 뇌를 임의로 조작하는 신경공학(neurotechnology)이 생명공학 못지않게 중요한 기술로 부상할 전망이다. 신경공학의 목표는 뇌의 질환을 치료하는 데 있다. 뇌의 일부가 손상되어 기능을 발휘하지 못하면 그 자리에 기계장치를 넣어준다. 이러한 방법을 뇌 보철이라 한다. 2003년 3월, 세계 최초로 뇌 보철 장치가 개발되었다. 미국 신경과학자들은 해마의 기능을 대체할 수 있는 반도체칩을 선보였다. 해마는 새로 학습한 내용을 장기

기억으로 넘기는 일을 한다. 따라서 해마 부위를 손상 당한 사람은 심한 기억 상실증을 나타낸다.

인공 해마처럼 뇌의 특정 부위에 기계장치를 이식하는 기술이 발전하면 뇌의 질환을 치료하는 데 머물지 않고 뇌의 기능을 개량하는 쪽으로 활용될 가능성이 높다. 뇌 이식 뒤에 할 수 있는 일은 한두 가지가 아니다. 가령 성욕을 관장하는 부위라면 하루 종일 단추를 눌러 오르가슴을 만끽한다. 무엇보다 뇌에 일종의 무선 송수신기를 이식하면 사람들이 정보를 교환하는 방법이 혁명적으로 바뀌게 된다. 사람의 생각을 마치 텔레파시처럼 주고받게 되므로 전화는 물론이고 언어가 쓸모없어진다. 따라서 생명공학의 발달로 생명윤리가 부각된 것처럼 신경공학의 윤리적 측면을 다루는 신경윤리(neuroethics)가 새로운 화두로 떠오를 전망이다.

이와 같이 생명공학과 신경공학이 발달하면서 누구나 사이보그로 바뀔 수 있게 됨에 따라 생물과 무생물, 사람과 기계의 경계가 서서히 허물어진다. 사이보그학(cyborgology)이라는 새로운 학제간 연구가 주목의 대상이 되는 것도 그 때문이다.

한편 21세기 중반을 넘어서면 인간이 만든 기계가 인간의 능력을 앞서게 될 것으로 예상된다. 컴퓨터 이론가인 미국의 레이 커즈와일(Ray Kurzweil)은 그의 저서 『정신적 기계의 시대(*The Age of Spiritual Machine*)』(1999)에서 인공지능 기술에 의해 2019년 컴퓨터가 튜링 테스트(Turing test)를 통과했다는 보고가 잇따를 것이라고 전망하였다. 튜링 테스트는 1950년 영국의 앨런 튜링(Alan Turing)

이 사람의 지능지수처럼 기계의 지능을 평가하는 방법으로 제시한 일종의 게임이다. 커즈와일은 10년 뒤인 2029년 마침내 컴퓨터가 완벽하게 튜링 테스트를 통과하여 기계는 할 수 없고 사람만 할 수 있는 일을 찾아보기 어려운 세상이 된다고 단언했다. 커즈와일의 전망에 동의하건 안 하건 사람과 기계의 지적 능력이 엇비슷해지는 날이 멀지 않았다는 사실만은 아무도 부정할 수 없을 것 같다.

　　미국의 로봇공학 전문가인 한스 모라벡(Hans Moravec) 역시 그의 저서 『마음의 아이들(*Mind Children*)』(1988)에서 2040년까지 사람처럼 보고 말하고 행동하는 기계가 출현할 것이라고 주장했다. 이러한 로봇은 놀라운 속도로 인간의 능력을 추월한다. 모라벡에 따르면 2050년 이후 지구의 주인은 인류에서 로봇으로 바뀌게 된다. 이 로봇은 소프트웨어로 만든 인류의 정신적 유산, 이를테면 지식·문화·가치관을 모두 물려받아 다음 세대로 넘겨줄 것이므로 자식이라 할 수 있다. 이러한 로봇을 '마음의 아이들'이라 부른다. 인류의 미래가 사람의 몸에서 태어난 혈육보다는 사람의 마음을 물려받은 기계, 곧 마음의 아이들에 의해 발전되고 계승될 것이라는 모라벡의 주장은 실로 충격적이지 않을 수 없다. 21세기 후반, 사람보다 훨씬 영리한 기계, 곧 로보 사피엔스(Robo sapiens)가 지구의 주인 노릇을 하는 세상은 어떤 모습일까.

　　이 대목에서 영화 「매트릭스(The Matrix)」 시리즈(1999~2003)를 떠올릴 만하다. 인류의 전쟁으로 폐허가 된 지구에서 인공지능 기계와 인공지능 컴퓨터들은 인간을 자신들에게 에너지를 공급하

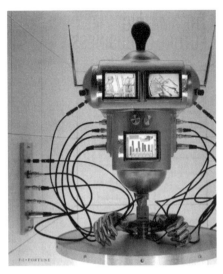

인류의 미래는 로보 사피엔스에 의해 발전되고 계승될지 모른다.

는 노예로 부린다. 땅속 깊이에서 인간들은 매트릭스 컴퓨터들의 배터리로 사용되는 것이다. 말하자면 인간은 오로지 기계에 의해서, 기계를 위해 태어나고 생명이 유지되고 이용된다. 영화에서 세례자 요한을 암시하는 모피어스는 그리스도를 연상시키는 주인공 네오에게 "매트릭스는 사방에 있네. 우리를 전부 둘러싸고 있지. 심지어 지금 이 방 안에서도. 창문을 통해서나 TV에서도 볼 수 있지. 일하러 갈 때나 교회 갈 때, 세금을 내러 갈 때도 느낄 수가 있어."라고 말한다. 「매트릭스」의 메시지는 우리 스스로가 선택했든, 어쩔수 없이 그렇게 되었든, 이미 테크놀로지의 포로가 되었다는 것이다. 이처럼 과학기술이 모든 사람을 노예로 만들지 모른다는 불길한 예감 속에서 인간의 미래를 암울하게 보는 세계관은 물론 어제오늘의 일은 아니다. 디스토피아 소설들은 일찌감치 과학기술이나 정치권력에 의해 인간의 정체성이 소멸되는 세상을 묘사했기 때문이다. 그러나 21세기에는 이러한 상상이 현실화될 가능성이 높다는 사실에 주목할 필요가 있다.

2000년 4월 미국의 컴퓨터 이론가인 빌 조이(Bill Joy)가 잡지에 발표한「왜 우리는 미래에 필요없는 존재가 될 것인가(Why the Future Doesn't Need Us)」라는 제목의 글이 세계 언론에 큰 반향을 일으킨 것도 인류의 미래를 우려하는 분위기와 무관하지 않은 것 같다. 조이는 유전공학, 나노기술, 로봇공학 등 3대 기술에 의해 자기복제 기계, 즉 생물처럼 자식을 낳는 기계가 개발될 가능성을 언급하고 인류의 미래가 이러한 기술의 도전에 직면해 있다는 사실을 강조하였다.

조이처럼 인간 이후(posthuman), 즉 진화론적인 맥락에서 인간이 다른 종에 의해 승계되는 포스트휴먼 시대에 대해 의견을 발표하는 학자들이 늘어나는 추세이다. 예컨대 2002년 미국의 정치학자인 프랜시스 후쿠야마(Francis Fukuyama)는『우리의 포스트휴먼 미래(Our Posthuman Future)』를 펴냈다.

역사의 종말을 말했던 그가 생명공학의 발달로 인류 역사의 포스트휴먼 세계가 시작될 것이라고 역설하였다.

생명공학과 신경공학으로 만든 슈퍼인간 또는 사이보그, 인공지능의 결정체인 마음의 아이들 또는 로보 사피엔스, 나노기술로 개발된 자기복제 기계. 이 중에서 누가 포스트휴먼 시대에 인류의 상속자가 될 것인지 궁금해할 필요는 없다. 과학기술의 발달로 인류는 자연이 만든 새로운 존재를 후계자로 삼지 않으면 안 되는 아이로니컬한 상황에 몰릴지 모른다는 사실이 무엇보다 중요하기 때문이다.

　포스트휴먼 논쟁은 21세기의 과학기술자가 직면한 여러 문제 중의 하나일 따름이다. 가령 인류의 미래를 위협하는 요인들인 물 부족, 에너지 고갈, 인구 팽창, 식량 위기, 오존층 파괴, 지구 온난화 등은 위험수위를 향해 치닫고 있다. 물론 이러한 문제들은 과학기술만으로 해결될 성질의 것은 아니다. 그러나 우리나라의 경우 대부분의 과학기술자들은 자신의 연구가 인류사회에 미치는 역할을 살필 만큼 정신적 여유를 갖고 있지 못한 실정이다. 인문학자들은 아예 과학 기술에 대해 무지할 뿐만 아니라 오히려 과학기술을 노골적으로 경시하는 풍조가 만연되어 있다. 저널리즘 역시 인문학 전공자들이 주류를 형성하여 대중에게 양질의 과학기술 정보를 공급할 준비가 미흡한 상태이다. 일반대중들은 이를테면 21세기 초반에 느닷없이 그리스 신화에 비정상적으로 광적인 관심을 보인 것처럼 지나치게 과거지향적이며 미래 사회에 대해서는 도통 관심이 없다.

　이러한 상황에서 제3의 문화가 한국사회에 뿌리 내리기를 기대하는 것은 어리석은 일인지 모른다. 하지만 21세기에 우리나라가 세계문화의 중심권으로 진입하기 위해서는 과학을 이해하는 인문학자, 인문학적 상상력을 지닌 과학자가 많아져야 한다는 데 이의를 제기할 사람은 없을 줄로 안다.

　과학자들도 사고의 전환이 있어야 할 테지만 아무래도 한국사회의 여론 주도세력인 인문학자들이 앞장서서 제3의 문화와 같이 열린 지적 풍토가 마련되도록 노력해야 될 것 같다.

| 참고문헌 |

1
- C. P. 스노우(오영환 역), 『두 문화』, 민음사, 1996
- 스티븐 핀커(김한영 역), 『빈 서판』, 사이언스북스, 2004
- John Brockman, *The Third Culture*, Simon & Schuster, 1995

2
- 이인식, 『사람과 컴퓨터』, 까치글방, 1992
- Francis Crick, *The Astonishing Hypothesis*, Macmillan Publishing, 1994
- Roger Penrose, *The Emperor's New Mind*, Oxford University Press, 1989
- Roger Penrose, *Shadows of the Mind*, Oxford University Press, 1994

3
- 이인식, 『사람과 컴퓨터』, 까치글방, 1992
- 스티븐 존슨(김한영 역), 『이머전스』, 김영사, 2004
- 던컨 와츠(강수정 역), 『스몰월드』, 세종연구원, 2004
- 스티븐 스트로가츠(조현욱 역), 『동시성의 과학, 싱크』, 김영사, 2005
- Stuart Kauffman, *At Home in the Universe*, Oxford University Press, 1995

4
- 이인식, "진화심리학", 《과학과 사회》(2001 창간호)
- 스티븐 핀커(김한영 외 공역), 『언어본능』, 그린비, 1998
- 매트 리들리(김한영 역), 『본성과 양육』, 김영사, 2004
- Daniel Dennett, *Darwin's Dangerous Idea*, Simon & Schuster, 1995

5
- 이인식, 『21세기 키워드』, 김영사, 2000
- 이인식, 『미래신문』, 김영사, 2004
- 이인식, 『나는 멋진 로봇 친구가 좋다』, 랜덤하우스중앙, 2005
- 글렌 예페스(이수영 역), 『우리는 매트릭스 안에 살고 있나』, 굿모닝미디어, 2003
- 케빈 워릭(정은영 역), 『나는 왜 사이보그가 되었는가』, 김영사, 2004
- Hans Moravec, *Mind Children*, Harvard University Press, 1988
- Chris Hables Gray, *Cyborg Citizen*, Routledge, 2001

과학의 본성에 대한 인문사회학적 이해

- 최경희(이화여자대학교 과학교육과 교수)

과학지식은 인식론자에 따라 서로 다른 의미로 정의되며, 그 출처에 따라 다양한 종류로 나뉜다. 그리고 현대과학은 지식의 형성 과정이나 기능에 있어서 전통적 과학과는 다른 특성을 나타내기도 한다.

일반적으로 지식은 인식에 의하여 얻어지고 객관적으로 확증된 성과로서, 광의로는 사물에 관한 개개의 단편적인 사실적·경험적 인식을 말하고, 더욱 엄밀한 뜻으로는 원리적·통일적으로 조직되어 있어서 객관적 타당성을 요구하는 판단의 체계를 말한다. 인지심리학자들은 지식을 정보와 기술로 이루어진 복잡한 체계로 정의하기도 한다.

전통적 인식론자들은 특별히 명제적 지식의 필요충분조건으로 신념·진리·증거를 제시한다. 신념의 조건에 따르면, 어떤 것을 알기 위해서는 그것을 믿어야 한다. 믿는다는 것은 정도의 문제다. 누구나 믿되, 강하게 믿지 않을 수도 있다. 따라서 신념의 조건은 앎의 주관적 조건으로 불리기도 한다. 명제적 지식에 관한 진리의 조건은 객관적 조건이다. 안다는 것은 진리임에 틀림없다. 어떤 것을 안다는 것은 그것이 진리임을 안다는 것이다. 진리가 아닌 것을 믿을 수는 있으나, 그것을 안다고 말할 수는 없다. 진리가 아닌 것은 기껏해야 아는 것을 생각했을 뿐이다. 한편, 진리의 조건은 진리가 무엇인지에 관한 근본적인 문제를 제기한다. 증거의 조건은 진정한 의미의 앎에는 합당한 증거가 있음을 규정하며, 이 때문에 정당화 조건으로 일컬어지기도 한다. 정당화의 조건에 따르면, 진리임이 입증된 명제만을 안다고 말할 수 있다. 새로운 증거가 나와 그것이 진리가 아니라는 것이 밝혀지면, 그것을 더이상 안다고 말할 수 없다. 한편, 그 증거로 입증된 앎은 강한 의미의 앎과 약한 의미의 앎으로 대별된다. 강한 의미의 앎은 증거가 많은 앎이며, 약한 의미의 앎은 증거가 적은 앎을 말한다.

이처럼 전통적 인식론에서는 과학지식을 신념·진리·증거로 정의하지만, 구성주의를 포함한 현대의 인식론에서는 과학지식을 이와 다르게 정의한다. 그들에 따르면, 과학지식은 감각적 지각이나 의사소통을 통해 수용된 것이 아니라 능동적으로 구성된 것으로서 언제나 자연을 그대로 나타내지는 않는다. 과학지식은 자연현상을 설명하기 위해 사회적 합의과정을 통해 구성한 설명체계라는 것이다. 그들에 따르면, 과학지식은 절대불변의 진리가 아니라 새로운 증거가 제시됨에 따라 언제라도 바뀌거나 대체될 수 있는 임시적 개념체계다.

인식론자들은 지식의 의미뿐만 아니라 그 출처에 관해서도 견해를 달리한다. 경험론은 지식의 출처(source)로 관찰·측정·실험·지각(perception)·내성·자각(self-awareness)·느낌·기억·증언·신념·직관·권위·전통 등을, 합리론은 논리적 추리와 이성을, 반증주의는 상상력과 직관적 추리를, 그리고 사회학자 및 현대의 과학철학자들은 사회적 합의과정을 제시한다.

경험주의는 지식의 출처로 특별히 경험을 중요시하고, 경험을 통해 형성된 지식을 경험지식이라고 한다. 경험지식은 보기 · 듣기 · 느끼기 · 맛보기 · 냄새 맡기의 오감을 통해 형성된 주변세계에 대한 관념으로서 그 타당성도 그런 지각적 · 신체적 경험을 통해 검증된다. 또한, 경험지식은 모두 관찰 · 관측 · 실험 등에서 발견된 사실들로 구성된다. 전통적 경험주의자들뿐만 아니라 실증주의자들도 대부분 이와 같은 입장을 받아들여 그에 적절한 과학지식의 발견 · 검증 방법을 제시한다.

어떤 과학지식은 관찰이나 실험이 없이 추리를 통해서 형성된다. 그런 지식은 대개 형식 논리와 순수 수학적 사고를 통해서 구성되며, 추상적인 추론을 통해 검증된다. 추리를 통해 형성 · 검증되는 지식은 이성적 지식으로 일컬어지기도 하며, 느낌에 관계없이 언제나 타당성과 보편성을 지닌다. 이성적 지식은 논리적 관계와 비인간적 의미를 다루며 감정적 필요와 실제 사태를 경시하기 때문에, 감정적으로 살아가는 학생들에게는 한정적인 가치만을 지닌다.

직관은 경험의 일종으로서 무의식적 상황에서 갑작스럽게 떠오르는 통찰을 말한다. 인식론에서는 직관을 지각과 대상의 직접적인 관계로 정의하기도 한다. 직관은 또한 케큘레(Friedrich Kekule)가 벽난로 앞에서 조는 동안 뱀들이 서로 꼬리를 물고 춤추며 공중으로 올라가는 꿈으로부터 고리모양의 벤젠구조를 발견한 것과 같이 추리나 추론에 의거하지 않는 직접적인 이해나 인지를 의미한다. 직관을 통해 형성된 지식은 보통 좀더 세련되고 정교화되지 않으면 과학적 지식으로 취급되지 않는다.

현대의 인식론은 지식의 출처를 자연이나 이성에 두지 않고 자연과 인간 사이, 또는 인간과 인간 사이의 상호작용에 둔다. 그런 현대의 인식론에 따르면, 지식은 자연현상을 보고, 그것을 기술하고 이해하기 위해 구성한 인식의 체계다. 또한, 과학지식의 가치는 자연에 대한 관찰이나 실험으로 검증되는 것이 아니라 자연현상을 설명하고 생활과 사회의 문제를 해결하는 정도에 따라 결정된다.

전통적 과학철학에서 말하는 과학은 합리적 학문으로 인식되어 왔다. 전통적 과학철학은 그 이론적 배경으로 절대론과 실재론을 받아들였으며, 과학적 방법으로 귀납법·연역법·가설-연역법 등을 제시하였다. 이런 과학적 방법은 객관적인 자료나 절대적 근거를 바탕으로 이루어지는 논리적 추리인데, 전통적 과학철학자들은 과학이 이와 같은 과학적 방법을 통해서 발달해왔다고 주장한다. 한편, 전통적 과학철학에서 의미하는 과학적 방법의 특성은 과학을 합리적인 학문으로 보는 근거가 되고 있다.

그러나 현대의 과학철학자들은 과학을 주관적이고 이념적인 학문으로 간주한다. 그들에 따르면, 과학적 이론은 당시의 사회적 환경이나 가치관에 가장 잘 어울리는 것만이 살아남고, 과학은 그런 진화 과정을 통해서 발달한다. 또한, 과학은 당시에 제기된 문제를 가장 효율적으로 해결하는 법칙과 이론 등이 계속 나타남으로써 발달한다. 한마디로 말해, 과학은 부단히 변화·발달한다는 것이다. 그리고 과학의 기능, 효율성 등 그 가치는 사회적 합의과정을 통해서 판단된다. 즉, 한 이론과 문화적·사회적 가치관의 일치도, 그 이론이 과학 및 기술과 관련이 있는 문제를 해결할 수 있는 정도 등은 토론이나 의사소통과 같은 민주적 합의 절차를 통해서 결정된다. 따라서 사회적 합의과정을 과학적 방법으로 생각할 수 있으며, 그것을 근간으로 이루어지는 과학과 과학지식은 이념으로 생각할 수 있다.

한편 현대의 과학은 간학문적 특성을 띤다. 현대과학의 핵심으로, 또는 모든 과학이 통합된 종합과학으로 인식되는 생물학을 한 예로 들어보자. 생물학에는 물리학적 · 화학적 원리와 이론이 포함되어 있는 통일과학(unified science)이라는 생각이다. 종합과학으로서 생물학은 과학적 측면뿐만 아니라 개인적 · 경제적 · 사회적 · 문화적 · 정치적 특성도 띤다. 이와 같이 정의되는 생명과학은 현대의 과학철학에서 강조하는 STS(Science, Technology, Society)로서의 과학관과도 일치하며, 특별히 인간을 다룸으로써 도덕 · 윤리 · 가치 · 위험 등에 관한 문제를 야기하기도 한다.

또한 과학은 내재적으로 인문사회적인 특성을 지닌다. 몇몇의 예외를 제외하면, 과학적 연구는 다른 과학자들의 업적을 무시하고 이루어질 수 없다. 과학적 연구는 과학자에게 연구의 대상 · 방향 · 의미 등을 제공하는 넓은 의미의 사회적 상황과 역사적 맥락에서 수행된다. 과학자가 수행하여 얻은 자료는 다양한 검증 방법과 절차를 거쳐 기존의 지식체계에 통합된다. 그의 연구결과는 동료에게 보여주거나 학회나 세미나에서 발표하여 검증을 받는다. 그의 연구결과는 또한 학회지에 발표하여 그 가치와 타당성을 인정받음으로써 과학지식으로서의 지위를 얻게 된다. 이와 같은 과정은 연구의 결과에서 개인의 편견을 배제시켜주는 사회적 과정을 그대로 나타낸다.

이처럼 과학지식은 그 정의와 출처에서뿐 아니라 형성 과정에서도 인문사회적 특성을 띠고 있다. 더욱이 간학문적 특성을 띠고 있는 현대과학에서는 전통적 과학에 비해 더 많은 인문사회적 요소를 포함하고 있다. 따라서 과학지식의 정의와 출처, 과학적 방법 등 과학의 본성을 제대로 파악하기 위해서는 과학의 인문사회학적 특성을 함께 이해할 필요가 있다.

황상익

서울대학교 의과대학을 졸업했으며 동 대학원 의학과에서 석사 및 박사학위를 취득하였다(생리학 전공). 현재 서울대학교 의과대학 교수이며 한국과학사학회 회장, 대한의사학회 학회지 편집인, 한국생명윤리학회 회장을 맡고 있다.

지은 책으로는 『문명과 질병으로 보는 인간의 역사』(1998) 『첨단의학시대에는 역사시계가 멈추는가』(1999) 『인물로 보는 의학의 역사』(2004) 등이 있고, 옮긴 책으로는 『세계의학의 역사』(1996) 『생명이란 무엇인가』(2001) 『침팬지 폴리틱스』(2004) 등이 있다.

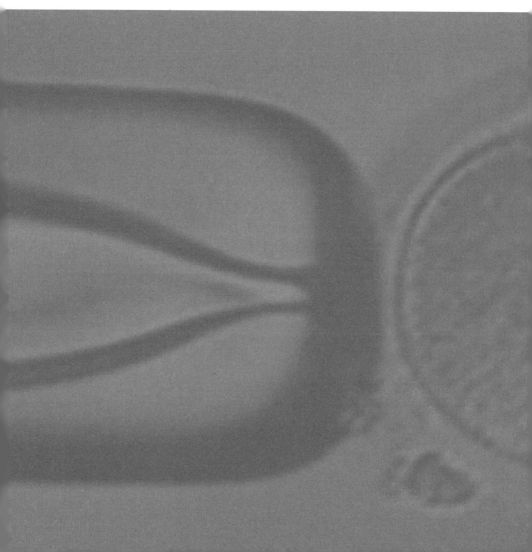

4

생명공학의 부화실에
놓여 있는 인문학

_ 생명복제 논쟁을 중심으로

의학과 생명과학기술 연구는
생명윤리 기준에 부합하여야 한다.

현대 의학과 생명과학기술은 그동안 커다란 성과를 거두어왔으며, 인간의 생명 보호와 질병 퇴치에 적지 않은 기여를 해온 사실을 우리는 잘 알고 있다. 인간 생명과 인간의 존엄성을 무엇보다 중시하는 한국생명윤리학회는 최근의 의학과 생명과학기술의 발전을 높이 평가한다.

의학과 생명과학기술의 성취는 직접 연구에 참여한 학자들의 영광일 뿐 아니라 온 인류의 기쁨이기도 하다. 그것은 관련 연구자들의 노력의 소산인 동시에 인류사회와 그 구성원들의 물적 · 심적 지원의 결과라는 사실을 연구자들은 겸허하게 받아들여야 한다. 따라서 의학과 생명과학기술의 혜택이 모든 사람에게 골고루 돌아가야 한다는 것은 다시 말할 필요도 없다.

학문 연구에서 굳이 연구자의 국적을 거론할 필요는 없을 것이다. 하지만 학문 선진국에 비해 그동안 학문적 성취가 뒤떨어졌던 우리 현실에서 최근 우리나라 과학자들에 의해 세계적으로 주목받는 성과들이 나오고 있다는 사실을, 우리는 특히 학문을 하는 처지에서 기쁜 마음으로 반긴다. 그런 맥락에서 이번 서울대학교 수의과대학 황우석, 의과대학 문신용 교수 등의 인간배아줄기세포 연구(Evidence of a Pluripotent Human Embryonic Stem Cell Line Derived from a Cloned Blastocyst

Science 12 March 2004 Vol 303 pp.1669-1674)도 윤리적 판단 이전에 높이 평가받을 일이라고 생각하며 해당 연구자들에게 축하의 말을 전한다.

그러나 이와 같은 평가와 환영이 편협한 애국주의로 연결되어서는 안 된다고 생각한다. 특히 해당 연구자가 그런 방향으로 오도하는 것은 매우 우려할 일이다. 연구자가 연구할 장소나 국가를 선택하는 일은 그 스스로의 권리와 자유에 속한다 할 것이다. 하지만 "우리나라에서 허용되지 않으면 다른 나라로 가서 할 것"이라는 식의 발언은 학문 연구자로서의 자질을 스스로 떨어뜨리는 언행이라 하지 않을 수 없다.

역사적 경험을 통해, 우리는 어떤 연구의 궁극적인 성과를 평가하는 데는 대체로 상당히 긴 기간이 필요하다는 사실을 잘 알고 있다. 의학과 생명과학기술의 연구결과가 실제로 환자의 질병을 치료하는 데 효과가 있음이 입증되는 것은 특히 그러하다. 연구자들은 이 점에서 자신의 연구결과에 대해 각별히 겸손하여야 할 것이다. "드넓은 바다 앞에서 조약돌 한 개를 손에 쥔 소년일 뿐"이라는 뉴턴의 말과 태도처럼.

인간배아 줄기세포 연구는 질병 치료에서 커다란 기대의 대상이지만, 그렇다고 확실한 전망을 언급할 단계는 아니다. 이제 출발선상에서 있을 뿐이다. 그럼에도 마치 당장 온갖 난치병을 치료할 듯 연구결과를 과장하여 환자들에게 합리적인 기대를 훨씬 넘어서는 환상을 심어주는 분위기는 윤리적으로뿐만 아니라 과학적으로도 매우 우려하고 개탄할 일이다.

의학과 생명과학기술의 성과가 관련 산업의 발전으로 이어지는 것은 부정적으로만 볼 문제는 아니다. 하지만 의학과 생명과학기술이 산업에 종속되는 것은 결코 바람직한 일이 아니다. 산업적 논리에 빠지면 인간의 생명 보호와 질병 퇴치라는 의학과 생명과학기술의 궁극적 목적이 퇴색하고 나아가 인간의 생명과 건강이 오히려 훼손되는 결과를 초래할 수 있기 때문이다. 의학과 생명과학기술을 산업의 종속물로 삼으려는 일부 연구자와 정부 일각의 언행에 대해서 우리는 깊은 우려를 금할 수 없다.

우리는 2005년 1월 1일 시행 예정인 〈생명윤리및안전에관한법률〉(법률 제7150호, 2003. 12. 29. 제정, 2004. 1. 29. 공포)에 대해 깊은 유감을 표한다. 그것은 2000년과 2001년에 걸쳐 과학기술부의 주관으로 관련 생명과학자 · 의학자 · 윤리학자 · 법학자 · 사회과학자 · 종교인 · 시민활동가들이 균형 있게 참여한 '생명윤리자문위원회'에서 오랜 기간에 걸친 진지한 논의를 통해 애써 이룬 '국민적' 합의사항의 핵심이 배제되고 왜곡되었기 때문이다.

매우 불만족스러운 그 법률에도 인간배아복제 연구의 종류, 대상 및 범위는 국가생명윤리심의위원회의 심의를 거쳐 결정하도록 되어 있다. 비록 법률이 아직 시행 전이지만, 법률의 입법 취지와 정신은 인간배아복제에 문제점이 있기 때문에 반드시 국가생명윤리심의위원회의 승인을 얻은 뒤에 연구를 해야 하는 것이라고 우리는 판단한다. 따라서 법률이 시행되기 전에는 인간배아복제 연구는 누구라도 해서는 안 되며, 만약 그러한 연구를 한다면 법적 문제는 차치하고라도 윤리적 기준과 원칙을 위배하는 것이다. 이런데도 정부 당국이 그러한 비윤리적 연구를 오히려 부추기는 언행을 하는 것은 부당한 처사라 아니할 수 없다.

더욱이 황우석, 문신용 교수는 과학기술부 세포응용연구사업단(단장 문신용 교수) 윤리위원회(위원장 박은정 서울대학교 법과대학 교수)에서 사업단 연구비를 인간배아복제 연구에 사용하지 않기로 한 결정에 동의한 바 있다. 사업단 윤리위원회의 결정은 인간배아복제 연구가 윤리적인 문제를 가지고 있기 때문에 내려진 것으로, 한국생명윤리학회는 그 결정을 매우 타당한 것으로 생각한다. 그러한 결정에 동의한 상태에서 설령 연구비 재원이 사업단 것이 아니라 할지라도 황우석, 문신용 교수가 인간배아복제 연구를 한 것은 윤리적으로 매우 부적절하다.

의학 및 생명과학기술과 생명윤리학의 궁극적 목적은 인간의 생명을 보호하고 인간의 존엄성을 신장시키는 점에서 동일하다. 일각의 오해와 달리 두 분야 사이의 관계는 결코 배타적인 것이 아니다. 의학과 생명과학기술의 진정한 발전을 위해서는 이미 국제적으로 확립된 생명윤리 기준을 준수해야 한다. 생명윤리학계와 시민사회, 언론의 우정 어린 충고와 조언을 배척하고 왜곡하고 비하하는 것은 의학 및 생명과학기술 연구자의 올바른 태도가 아니라고 생각한다.

우리는 우리의 주장과 첨부하는 문건에 대해 황우석, 문신용 교수의 성실한 답변을 기대한다. 또한 지금까지 제기된 문제들에 대해 황우석, 문신용 교수들이 석명(釋明)하는 공개 토론의 자리를 가질 것을 제안한다.

1

2004년 5월 22일 한국생명윤리학회가 발표한 성명서의 전문이다. 분량이 적지는 않지만 5년 넘게 진행된 생명복제 논쟁을 한쪽 당사자의 입장에서 (중간)결산한 성격의 문건이라는 의미를 지니기 때문에 인용하였다.

한국생명윤리학회를 생명복제 논쟁의 한쪽 당사자라고 하였지만, 그 구성과 견해가 단일한 것은 결코 아니다. 한국생명윤리학회는 철학·윤리학·역사학·사회학·법학 등 인문사회과학자들과 생명과학·의학 등 자연과학자들로 이루어진 전형적인 학제간 학회이며, 인간개체복제를 찬성하는 입장에서부터 생명복제뿐만 아니라 모든 배아의 생성과 그에 대한 연구를 부정하는 입장까지 견해의 스펙트럼이 대단히 넓다. 생명복제 논쟁이 한 가지 계기가 되어 1998년에 탄생한 한국생명윤리학회는 6년여 동안 다른 주제들보다 생명복제와 줄기세포 연구에 관한 논의를 활발하게 전개해왔다. 그러한 과정을 통해 인문사회과학자들은 생명과 생명과학에 대한 이해의 폭을 넓혀왔으며, 자연과학자들은 인문학적 성찰을 심화시켜왔다.

생명복제 논쟁은 한국생명윤리학회의 전유물이 결코 아니다. 생명복제는 한국사회에서 그 어떤 과학 주제보다 많은 학자들과 단체들이 논의에 참여하였으며, 또 오래 진행되고 있는 논쟁의 주제다. 그리고 이른 시기에 '결론'에 도달할 수 없는 주제이기도 하다. 인식의 차이가 조금 좁혀졌을지언정 여전하거니와 '이해관계'가 개재되어 있는 문제이기 때문일 것이다. 한국생명윤리학회 내부와 비슷하게 한국사회 전체로도 서로 상이한 입장을 수용하는 데까지는 이르지 못했지만, 어느 정도 이해는 하게 되었다는 점에서 지금까지의 논쟁이 결코 소모적이었다고는 할 수 없다. 그리고 앞으로 더욱 활발한 논의와 논쟁이 필요한 주제라고 생각한다. 그런 점에서 최근 들어 일부 당사자가 논의 자체를 회피, 묵살하고 있는 것은 매우 유감스러운 일이다.

한국사회에서 생명복제에 관한 논의가 이전에 전혀 없었던 것은 아니지만, 본격적인 논의와 논쟁이 벌어진 것은 1997년 2월 22일 영국 로슬린 연구소의 이언 윌머트 연구진이 '복제 양(羊) 돌리'의 탄생을 발표하면서부터다. 당시 어느 국내 과학사학자는 "1957년 10월 소련의 인공위성 스푸트니크 호 발사 이래 이른바 '과학적'

복제양 돌리

한국사회에서 생명복제에 관한 논의
가 전혀 없었던 것은 아니지만, 본격
적인 논의와 논쟁이 벌어진 것은
1997년 2월 22일 영국 로슬린 연구소
의 이언 월머트 연구진이 '복제 양(羊)
돌리'의 탄생을 발표하면서부터다.

문제에 대해 가장 많은 관심이 쏟아지고 있다."고 하였는데, 이렇게
관심과 우려가 가히 폭발적이라고 할 만큼 쏟아진 이유는 생명체
복제가 과학의 문제를 넘어 사회적, 윤리적으로도 매우 큰 의미를
지니고 있기 때문일 것이다.

　　로슬린 연구소의 연구는 과학적으로 '분화가 끝난 세포의 비
가역성'을 뒤엎는 획기적인 사건이었다. 그리고 논쟁의 초점은 즉
시 동물복제를 뛰어넘어 인간복제의 윤리성 문제로 발전했다. 이
기간 중 한국사회 내의 생명복제 논쟁은 종교계와 시민단체가 주도
했으며 과학자, 철학자 등이 개별적으로 논쟁에 참여하였다. 당시

돌리 탄생에 대해 가장 먼저 반응을 보인 것은 종교계였다. 1997년 3월 7일, 개신교 과학자들의 모임인 창조과학회와 천주교 주교회의는 발 빠르게 복제실험금지법 청원서를 국회와 정부에 제출했다. 같은 날 녹색연합, 교회환경연구소 등 환경·종교단체들은 복제 금지를 촉구하는 집회를 열기도 했다.

논쟁의 초기 단계인 이 시기에 이상희 의원은 생명공학 관련 전문가와 사회 각계, 종교계가 포괄적으로 참여하는 '인체복제의 윤리 안전을 위한 모임'의 시급한 구성을 제안했다. 그리고 김환석 국민대 교수는 생명복제 문제 해결의 관건은 시민에게 있으며, 시민이 생명복제를 비롯하여 과학기술의 수동적 소비자라는 굴레를 벗어나 민주적으로 통제할 수 있는 주체로 설 수 있느냐의 여부에 미래과학기술사회의 운명이 달려 있다고 주장하였다. 또한 필자는 생명체 복제에 관한 법적인 장치의 구축을 적극적으로 제안했다. 그러나 돌리의 복제는 외국의 연구결과일 뿐 국내에서도 조만간 이런 연구가 이루어지리라 예상하는 사람은 드물었기 때문에, 당시 별로 주목을 받지 못했다. 그러나 2년여 뒤 '복제 소 영롱이'의 탄생으로 이 같은 제안은 현실성을 얻게 된다.

돌리 탄생에 대한 한국사회의 반응은 과학계, 종교계, 철학·윤리학계, 시민단체 등을 통해 다양한 스펙트럼으로 나타났다. 이 시기의 논쟁은 인간복제가 가장 큰 주제였으며, 논의는 주로 원론적인 차원에 머물렀다. 하지만 향후 논쟁의 다양한 주도 세력들이 이 시기에 뿌리를 내리기 시작했다는 의의를 가지고 있다.

2

1998년 말과 1999년 초 한국사회에서 생명복제와 관련된 두 가지 큰 '사건'이 발생했다. 한 가지는 경희대 의료원 연구팀에 의한 인간배아복제 성공 발표이며, 또 한 가지는 복제 소 영롱이의 탄생이었다. 1998년 12월 14일, 경희대 의료원 연구진의 체세포복제 기술을 이용한 인간배아복제 성공 발표는 그 뒤 대한의학회 생명복제소위원회의 조사 결과 '정밀성이 미흡한 실험'으로 확인되면서 '해프닝'으로 끝났지만, 생명복제 논쟁을 더욱 구체화했다는 점에서 결과적 의미를 찾을 수 있다. 1999년 2월 서울대 황우석 교수 연구진은 영국 로슬린 연구소팀과 같은 방법으로 복제 송아지를 탄생시키는 데 성공했다. 이로써 한국은 영국, 일본, 뉴질랜드, 미국에 이어 다섯 번째로 체세포복제에 성공한 나라가 되었다.

이 두 가지 사건은 생명복제 논쟁에 불을 당겼다. 이제 한국사회에서도 생명복제가 기술적인 것에서 의지의 문제로 바뀌었기 때문이다. 복제하겠다는 의지만 있으면 인간도 복제할 수 있으리라는 위기감이 확산되었으며, 이 위기감은 관련 단체들의 선언문, 연구지침 형태로 구체화되었다. 논의의 내용이 한 단계 발전했으며, 개인적 수준에서 집단적 차원으로 이행하는 모습도 보이게 되었다.

한국생명윤리학회는 1999년 3월 28일, 회원과 외부 인사들의 이틀에 걸친 논쟁 끝에 '생명복제에 관한 1999년 생명윤리 선언'을 채택했다. 당시 다양한 견해의 최대공약수라 할 수 있는 선언의 내

복제 소 영롱이
1999년 2월 서울대 황우석 교수 연구진은 영국 로슬린 연구소팀과 같은 방법으로 복제 송아지를 탄생시키는 데 성공했다.

용은 "인간 개체를 복제하기 위한 모든 연구와 시술에 반대한다." "생명공학의 윤리적인 문제를 심의, 감독하기 위해 생명윤리위원회를 대통령 직속으로 설치할 것을 촉구한다." "생명공학에 관련된 윤리적, 법적, 사회적 문제들에 대한 연구를 담당할 전문연구기관의 설치를 촉구한다." 등이었다. 이 선언에는 2004년 세계 최초로 인간 배아줄기세포 배양에 성공한 황우석 서울대 교수도 서명하였다. 그리고 대한의사협회는 1999년 5월 '생명복제연구지침'을 발표했다. 이 지침에서는 인간개체복제를 목적으로 체세포나 생식세포를 복제하거나, 수정 후 14일이 지난 인간배아를 대상으로 하는 연구 등 다섯 가지 형태의 연구를 금지대상으로 명시했다. 다만 수정 후 14일이 경과하지 않은 배아에 대한 연구는 합의가 이루어지지 않아 미합의 유보사항으로 남겨둔다고 밝혔다. 또한 한국철학회도 1999년 6월 5일 '생명-의료윤리에 관한 한국철학회 1999 선언'을 통해 한국생명윤리학회와 비슷한 견해를 발표하였다.

시민단체들은 영롱이 복제 사실이 알려진 직후 '생명안전윤리 연대모임'을 결성해 즉각적인 대응에 나섰으며, 1999년 3월 18일 '인간복제 금지를 위한 규제장치 마련을 촉구하는 환경 · 사회 · 종교 단체 공동성명서'를 발표했다. 또한 참여연대의 '과학기술민주화를 위한 모임'과 유네스코한국위원회는 1999년 9월 10일부터 13일까지 합의회의를 개최했다. 합의회의는 최종보고서를 통해 "인간개체복제는 어떤 일이 있어도 금지해야 한다는 점에 만장일치로 합의"했다고 밝혔으며, 인간배아복제에 관해서는 열띤 토론 끝에 참석자 16명 중 14명의 동의로 금지에 합의하였다고 발표했다. 이로써 생명복제에 관한 논의가 인간개체복제에서 인간배아복제로 확대, 전화되기 시작하였다.

생명복제 논쟁의 주제가 확대, 심화되면서 논쟁의 전선은 더욱 뚜렷해지고 논쟁 주체들은 더욱 집단화하였다. 또한 법제화 논의도 구체화되었다.

국내에서 생명복제와 관련된 최초의 법안은 1997년 7월 장영달 의원 등이 발의한 '생명공학육성법 개정안'이다. 이것은 기존의

	주무 부처	제안 법안	발의자	개요
1997		생명공학육성법 개정안	장영달 의원	돌리의 탄생으로 인한 충격을 감지하고 해결책 마련을 위한 법안. 인간복제 행위 금지
1998		생명공학육성법 개정안	이상희 의원	생명윤리 및 생명공학 안전에 관한 사항 포함
2000	보건복지부	생명과학보건 안전윤리법	한국보건 사회연구원	생명공학의 윤리문제와 안전문제를 포괄하는 법안
2001	과학기술부	생명윤리기본 법안	생명윤리 자문위원회	체세포핵치환술(복제기법)을 이용한 인간배아 생성 금지, 잔여냉동배아와 유산된 태아조직을 이용한 줄기세포 연구 한시적 허용
2002	과학기술부	줄기세포연구 등에 관한 법률(가칭)		학계와 산업계 반발로 수정. 줄기세포를 얻기 위한 인간배아복제 허용
2003	보건복지부	생명윤리및안전에관한법률		인간개체복제 전면 금지. 인간배아 복제 허용. 이종간 핵 이식 부분 허용. 생명공학계와 관련 산업계 이해 적극 반영

생명공학육성법을 개정해 인간복제 행위를 금지하려는 법안으로, 돌리의 탄생으로 인한 충격을 감지하고 그 해결책을 마련하기 위한 것이었다. 이어서 1998년 11월 이상희 의원 등이 또 다른 '생명공학육성법 개정안'을 발의했다. 이 법안에는 생명윤리 문제뿐 아니라 생명공학 안전에 관한 사항이 포함되어 있었다. 두 가지 개정안에 대해 국회 통신과학기술위원회는 "생명공학 육성을 저해할 수 있다."는 이유로 계류 결정을 내렸다. 이로써 생명복제 관련법 제정은 요원해 보였으나 앞서 언급한 경희의료원 연구진의 인간배아복제 연구와 복제 소의 탄생으로 상황이 달라진다. 국내 최초의 복제

동물 탄생 소식과 인간배아복제 연구가 진행되었다는 발표로 생명복제 문제가 중요한 사회적 현안으로 부각된 것이다.

인간개체복제를 법으로 금지해야 한다는 점에는 철학·윤리학계, 생명과학계, 종교계, 시민단체들 간에 별 의견 차이가 없었다. 하지만 배아복제에 대해서는 달랐다. 앞에서 언급한 합의회의는 인간개체복제는 물론이고 인간배아복제도 금지하여야 한다고 의견을 모았다. 인간개체복제 금지는 충분히 예상한 바로 생명과학자들도 그 점에 대해 별 이견이 없었지만 배아복제에 대한 금지 결정은 생명과학자, 특히 배아 연구자들을 당혹하게 했다.

인간배아복제가 크게 주목받게 된 것은, 1998년 11월 미국의 두 연구팀에 의해 인간줄기세포 연구에 획기적인 전기가 마련되면서부터다. 제론(Geron) 사로부터 연구비를 지원받은 위스콘신 대학 영장류연구센터의 제임스 톰슨과 존스홉킨스 대학 산부인과의 존 기어하트가 각각 세계 최초로 인간의 줄기세포 배양에 성공한 것이다. 톰슨은 불임클리닉에서 제공받은 잔여수정란으로부터, 기어하트는 임신 4주에서 6주 사이에 유산된 태아의 생식선세포로부터 줄기세포를 추출하여 인공적으로 배양하는 데 성공하였다. 이때부터 인간줄기세포 연구는 관련 학자들뿐만 아니라 온 세계의 주목을 받게 되었다. 〈사이언스(Science)〉는 줄기세포를 이용해 인체의 장기와 조직을 만들어내기 위한 연구를 1998년도 과학계의 최대업적으로 선정하였으며, 수많은 생명공학 벤처기업들이 잇달아 줄기세포 연구에 뛰어들었다.

미국의 두 연구팀이 배아복제를 통해 줄기세포를 얻은 것은 아니었지만, 배아복제를 통해서도 줄기세포를 얻을 수 있기 때문에 인간배아복제를 원천적으로 금지한다는 합의회의의 결정은(물론 법적 구속력을 갖는 것은 전혀 아니지만) 국내 배아 연구자들의 격렬한 반발을 사기에 충분했다. 이로써 생명복제 논쟁의 주요 화두는 이제 인간배아복제로 옮겨가게 되었고, 논쟁은 한층 더 치열해졌다.

　이러한 가운데 국내에서 인간배아복제에 성공했다는 연구결과가 잇달아 발표되었다. 황우석 교수가 2000년 8월 9일의 연구 발표회에서 "36세의 한국인 남성에게서 채취한 체세포를 이용한 복제실험을 통해 배반포 단계까지 배양하는 데 성공하고, 이 기술을 6월 30일 미국 등 세계 15개국에 국제특허를 출원했다."고 밝힌 것이다. 또 마리아생명공학연구소 박세필 박사 연구진은 냉동잔여인간배아에서 줄기세포를 추출하는 데 성공했다고 발표했다. 이 연구진은 소의 난자에 인간의 체세포핵을 넣는 이종간 핵치환 기술을 이용해 배아복제에 성공한 사실을 1년 뒤인 2001년 11월에 발표하기도 했다.

　이제 인간배아복제를 둘러싼 문제는 관련 단체나 학계를 넘어 중요한 사회적 이슈로 부상하게 되었다. 이 무렵 크게 쟁점이 된 것은 배아의 지위에 관한 문제, 특히 인간 생명의 시작이 수정 직후인지, 수정 후 14일 이후인지에 관한 것이었다. '14일 논쟁'이 열기를 더했던 것은, 인간 생명의 시작이 수정된 순간부터라면 인간배아를 이용한 연구 자체가 생명윤리에 크게 위배되지만 수정 14일 이후라면 14일 이전의 배아에 대해서는 문제 삼기 어렵기 때문이었다.

인간배아의 지위에 대해서는 대체로 다음과 같이 세 가지 견해로 나뉜다. 첫째, 수정된 순간부터 생명으로 보아야 하며 따라서 이때부터 도덕적으로 완전한 지위를 갖는다. 둘째, 단순한 세포덩어리에 불과한 물질적 존재일 뿐이며 따라서 도덕적인 주의를 기울일 필요가 없다. 셋째, 배아는 잠재적 인간존재로서 특수한 지위를 가진다.

인간배아의 지위에 대한 의학적·윤리적·신학적 논란은 당장은 물론이거니와 앞으로도 종식될 가능성이 별로 없어 보인다. 그것은 과학적 진위(眞僞)의 문제라기보다는 신념에 관련된 문제라고 판단되기 때문이다.

지금까지 지속되고 있는 이 논쟁은 필요는 하되 별로 소득이 없다는 게 필자의 견해다. 이러한 논의와 논쟁을 통해 생명복제 문제의 심각성을 인식할 수는 있지만 앞서 말했듯 결론을 얻기란 원천적으로 불가능하기 때문이다.

당시 논쟁에서, 임종식 박사는 14일설에 대한 찬성론과 반대론 모두 배아의 인간개체성을 입증 또는 부정할 결정적인 이론적 근거를 제시하지 못하고 있다면서 "이렇게 모든 것이 불확실한 상황에서는 도덕적 위험이 적은 선택을 해야 한다는 도덕원리에 따르는 것", 다시 말해 배아복제를 금지하는 것이 최선책이라고 주장하였다.

필자가 아쉽게 생각하는 것은, 이 무렵의 논의가 인간배아복제 문제에 집중하느라 인간개체복제문제를 심층적으로 다루지 못했다는 점이다. 흔히들 인간개체복제는 인간배아복제보다 더 심각한 문제를 안고 있다고 한다. 특히 인간배아복제 찬성자들은 인간개체복제에 절대 반대한다는 것을 자신들의 주장과 행위를 정당화하는 데 활용하고 있기 때문에, 인간개체복제 논쟁이 더 필요하다고 생각하는 것이다.

3

앞서 언급한 법안들은 제15대 국회 회기가 만료됨에 따라 모두 자동 폐기되었다. 그러나 인간배아복제가 사회적 이슈로 크게 부각되자, 보건복지부는 2000년 5월 산하 연구기관인 한국보건사회연구원에 생명공학의 윤리문제와 안전문제를 포괄하는 법안을 마련할 것을 주문했다. 연구원은 2000년 12월 6일 공청회를 통해 '생명과학보건안전윤리법' 시안을 발표했다. 또한 과학기술부도 2000년 11월 생명과학자와 의학자 등 10명의 자연과학자, 그리고 인문사회과학자, 종교계 및 시민단체 대표 등 10명, 도합 20명으로 생명윤리자문위원회를 구성하고 독자적인 법안 마련을 의뢰했다. 이때 과학기술부 장관은 결과가 어떠하든 자문위원회의 결정을 법제정에 충실히 반영할 것을 약속했다. 생명윤리자문위원회는 6개월에 걸친 관련 전문가들과의 논의, 내부 논의 등을 거쳐 마련한 '생명윤리기본법의 골격(안)'을 2001년 5월 22일 공청회를 통해 제시했다. 특기할 것은 한국보건사회연구원 연구진과 아무런 협의가 없었음에도 그 핵심 내용이 거의 일치했다는 사실이다.

'생명윤리기본법의 골격(안)' 가운데 가장 큰 논쟁이 일었던 부분은 역시 배아복제와 줄기세포 연구에 관한 사항이었다. 골격(안)은 체세포핵치환술(복제기법)을 이용한 인간배아의 생성을 금지하는 것이었다. 그리고 줄기세포 연구는 잔여냉동배아를 이용한 연구와 유산된 태아조직을 이용한 연구를 한시적으로 허용하면서 궁극적으로 성체줄기세포 연구로 유도하는 방향이었다.

인간배아줄기세포 연구는 원천적으로 사회적 부담을 안을 수밖에 없으며, 경우에 따라서는 커다란 사회적 갈등을 일으킬 소지를 지닌다. 그렇다고 인간배아줄기세포를 대상으로 하는 연구를 완전히 포기하는 것은 그 의학적 유용성까지 포기하는 셈이므로 용납하기가 쉽지 않다. 그러므로 성체줄기세포 연구가 확고한 위치를 확립할 때까지는 사회적 부담과 갈등을 최소화하는 방식으로 인간배아줄기세포 연구를 병행할 수밖에 없다는 것이 생명윤리자문위원회의 판단이었다.

그에 따라 줄기세포 연구 목적으로 인간배아를 생성하는 것은 금지하는 반면, 불임치료 목적으로 인공수정 방법에 의해 창출된 인간배아 가운데 실제 인공수정에 사용하고 남은, 폐기될 잔여냉동배아를 줄기세포 연구의 소재로 허용한 생명윤리자문위원회의 결정은 윤리적 갈등을 상대적으로 줄이면서 의학적 유용성을 살리기

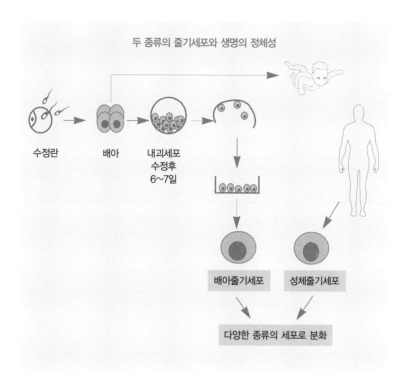

두 종류의 줄기세포와 생명의 정체성

수정란   배아   내괴세포
수정후
6~7일

배아줄기세포   성체줄기세포

다양한 종류의 세포로 분화

위한 절충적 입장의 산물이었다. 이러한 절충적 입장은 인간배아 연구를 철저하게 금지해야 한다는 진영과, 절차적 규제장치는 마련하되 인간배아 연구를 전면적으로 허용해야 한다는 진영 양쪽으로부터 비판을 받았다. 특히 금지 진영은 윤리적 일관성이 결여되었다고 공박하였는데, 그들의 주장대로 인간배아 연구가 '악행'이라면 그 악행을 가능한 줄이면서 악행에 동반되는 선행(의학적 유용성)을 살리는 편이 현실적으로 더 합당하리라는 것이 자문위원회의 생각이었다.

생명공학계는 대체로 이러한 자문위원회의 시안을 지나친 규제라고 보았으며 배아줄기세포에 대한 자유로운 연구를 허용해야 한다고 즉각 반발했다. 생명공학계는 초기의 산발적인 비판에서 벗어나 조직적인 반대운동에 나서기 시작했고, 생명공학산업계도 이에 가세했다. 한국생명공학연구원은 5월 24일 '생명윤리법 시안에 대한 건의문'을 통해 인간배아복제는 인류의 질병치료를 위해 가장 필요한 기본 기술이므로 배아줄기세포에 대한 자유로운 연구를 허용해야 한다고 주장했다. 또 전경련 생명과학산업위원회는 5월 28일 한국생물산업협회, 생명공학연구조합과 공동으로 '생명윤리기본법 시안에 대한 긴급건의문'을 채택했다. 이 건의문에는 한국생명공학연구원의 건의문에 몇 가지 사항이 추가되었다. 먼저 이종간 교잡행위를 전면 금지하는 것에 반대하였다. 그리고 자문위원회 안에 따르면 앞으로 구성될 국가생명윤리위원회 위원 중에 생명공학전문가가 너무 적어 의사 결정이 특정집단에 편중될 수 있으므로, 인문사회계 학자와 생명공학전문과학자·산업계 관련자를 같은 수로 하고 위원회의 권한을 대폭 축소해야 한다고 주장했다.

이어서 대한불임학회, 한국생물공학회 등 15개 관련 학회는 '생명윤리기본법 실무추진위원회'를 결성하여 시안 개정을 더 적극적으로 요구했다. 추진위원회는 6월 12일 발표한 성명에서 "시안은 과도한 규제로 연구의 자율성을 침해한다."며 이것은 "건강에 대한

국민의 기본권을 침해하고 수십만 명의 불치병 환자와 가족들에게서 미래를 빼앗는 것"이며 나아가 "추상적인 윤리적 논리만으로 배아복제 연구 모두를 금지하는 것은 생명공학의 경쟁력을 저하시킬 것"이라고 경고했다.

관련 학계와 산업계의 집단적인 반발은 과학기술부를 당황하게 했다. 과학기술부는 기본적으로 생명공학을 육성하는 책임을 진 주무부처임에도 생명공학자들의 의견을 생명윤리기본법 시안에 제대로 반영하지 못했다는 비난을 받았다. 결국 과학기술부는 생명윤리자문위원회의 안(案)과 달리, 그리고 자문위원회의 안(案)을 충실히 반영하겠다는 약속을 저버리고, 인간배아복제를 허용하는 쪽으로 선회하게 된다. 2002년 3월 초 열린 국무회의에서 과학기술부는 9월 정기국회 상정을 목표로 '줄기세포연구 등에 관한 법률'(가칭)의 입법계획을 보고했다. 이 법안은 줄기세포를 얻기 위한 인간배아복제를 허용하겠다는 내용을 포함한 것으로 자문위원회의 안(案)과는 완전히 배치되는 것이었다.

과학기술부와 보건복지부 모두 산하기구를 통해 생명윤리법 시안을 마련했음에도 관련 연구자 및 산업계 등 이해당사자들의 격렬한 반발로 법 제정은 진통을 겪었다. 결국 생명윤리법은 국무조정실의 조정을 거쳐 보건복지부가 주관하도록 결정되었으며 한 해 뒤인 2003년 12월 국회를 통과하여 법률(생명윤리및안전에관한법률)로 제정되었다. 법률의 핵심 내용은 인간개체복제는 전면 금지하되 인간배아복제는 허용하며, 이종간 핵 이식도 부분적으로 허용하고,

국가생명윤리심의위원회는 정부가 주도하는 식으로(위원 중 적어도 3분의 1이 각부 장관) 구성하도록 했다. 즉 생명공학계와 관련 산업계의 이해를 적극 반영한 것으로, 그동안의 활발한 논의와 논쟁 과정과는 완전히 동떨어진 것으로 귀결되고 말았다.

2002년 상반기까지 논쟁에 적극적으로 참여했던 한국생명윤리학회 등 학계와 종교계, 시민단체들은 막상 법률통과 과정에서는 거의 대응을 하지 못했다. 여러 가지 이유가 있었겠지만, 정부와 이해관계자 및 단체들의 일방적, 비합리적 독선과 독주에 실망한 것이 핵심적 이유라고 여겨진다.

'생명윤리및안전에관한법률'이 국회를 통과한 지 한 달 남짓 지난 2004년 2월 13일, 서울대 황우석, 문신용 교수 연구진은 미국 과학진흥협회에서 마련한 특별 기자회견을 통해 세계 최초로 인간 배아줄기세포 배양에 성공했다고 밝혔다.

황우석·문신용 교수의 연구에 대한 한국사회의 반응은 크게 두 가지로 나타났다. 하나는 한국이 세계 최초로 개발에 성공한 인간배아줄기세포 연구의 주도권을 잡으려면 그러한 연구를 적극적으로 뒷받침해야 한다는 입장으로, 생명공학계·산업계 그리고 언론이 전면에 나섰다. 거기에 정부가 '올인'하는 자세로 가세했다. 다른 하나는 그 연구의 절차적, 내용적 문제점을 지적하는 입장으로 한국생명윤리학회를 중심으로 한 시민단체, 종교계, 여성단체가 그러했다. 서두의 인용문에서도 보이듯이 '생명윤리및안전에관한법률'은 인간배아복제를 원칙적으로 허용하지만, 법률 발효 시점인 2005년

1월 1일 이전의 해당 연구는 입법 취지에 위배되는 것이다. 그러함에도 주무부처 장관이 "법이 발효되면 연구 수행에 지장이 있을 수 있으니 법 시행 전에 많이 연구하라."고 했으니 비판 세력의 입지뿐만 아니라 의지가 크게 축소될 수밖에 없는 것으로 보인다.

정부의 균형 잃은 자세도 문제지만 언론도 그러한 점에서 전혀 다를 바가 없다. 2001년 5월 생명윤리자문위원회의 시안 발표 무렵까지는 '상대적으로' 중립을 지켜오던 언론은 생명공학계와 관련 산업계의 반발이 거세지자, 논쟁의 장으로서 언론의 역할은 방기한 채 정책결정 과정의 한 주체로 적극 개입한다. 특히 김대중 정부와 노무현 정부에 대해 정당한 비판을 넘어서는 비난을 일삼는 '메이저 언론'이 이 문제에 대해서는 정부와 긴밀한 공조를 취해온 듯이 보인다.

몇 해 동안의 생명복제 논쟁은 그 과정과는 크게 다른 결말을 보이고 있지만, 그렇다고 그동안의 논의와 논쟁이 무의미하다고 생각하지는 않는다. 상반되는 견해를 가진 개인과 단체들은 이 논쟁을 통해 상대방의 의견을 수용하는 데까지는 나아가지 못했지만, 이해의 폭은 넓어졌다고 생각한다. 그리고 이 과정을 통해 '생명윤리'가 이 시대의 중요한 화두임이 입증되었고, 인문학적 성찰 또한 중요하다는 것이 드러났다. 또한 학계와 시민사회가 합리적으로 논의를 주도해야 할 문제에 정부와 언론이 특정한 이해관계자들과 동맹을 맺고 일방적으로 개입할 때 문제가 얼마나 왜곡될 수 있는지를 보여준 것도, 역설적이지만 성과라고 생각한다.

과학적 이슈를 민주적으로 풀어나가는 것이 사회의 성숙에 얼마나 기여할 수 있으며, 관련 당사자들뿐 아니라 사회 전체의 인문학적 소양을 얼마나 높일 수 있는지를 확인할 수 있는 좋은 기회를 놓친 것이 못내 아쉽지만, 반면교사적 교훈은 얻었다고 본다.

4

오늘날의 과학기술은 근대사회의 산물이자 근대를 근대답게 만든 중요한 동력이다. 과학기술은 그 '도구적' 힘으로 고도의 생산력을 가능하게 하였을 뿐만 아니라 '성찰적' 속성으로 인간 사회를 합리적인 모습으로 바꾸는 데에도 크게 기여하였다. 즉 인간은 과학기술을 통해 자연에 대한 무지, 인간과 사회에 대한 미몽에서 해방되는 길을 찾을 수 있었으며, 또 그로써 인간의 존엄성을 획기적으로 드높일 수 있었다.

그러나 한편으로 과학기술은 초기의 역동성과 긍정적인 측면을 잃어버리기도 했다. 예컨대 핵무기 제조를 통해 과학기술은 인류의 벗이 아니라 적이 될 수도 있다는 사실이 드러나기 시작했다. 또한 과학기술은 점점 일반인뿐 아니라 분야가 조금만 다르면 같은 과학기술자들조차 이해할 수 없는 신비한 것이 되었다. 종교가 소수 특권층의 손아귀에 놓일 때 인간 해방의 메시지가 아닌 인류를 억압하는 장치가 되듯이, 과학기술도 신비화되면서 인간을 오히려 억압하고 소외시키며 인간의 존엄성을 훼손하는 괴물이 되어갈 가능성이 커졌다. 이러한 사정 속에서 과학의 모든 면을 부정하고 배격하는 '반과학' 경향이 나타나 '과학만능주의'와 더불어 과학의 참 가치를 위협하게 되었다.

학교교육과 대중교육에서 우리의 과학교육은 '도구적 이성'의 측면만 강조한 나머지, 그만큼이나 중요한 과학의 '성찰적' 속성은 소홀히 해왔다. 또 '성장제일주의'와 '국가경쟁력'이라는 담론은 사정을 더욱 악화시키고 있다. 그리하여 그러한 교육에 충직한 사람은 '과학만능주의자'가, 거부하는 사람은 '반과학주의자'가 되기 쉬우며, 그 점은 '생명과학'에서 특히 뚜렷하게 나타난다.

유전자를 바꿔치기하여 생명의 설계도를 다시 그리고, 또 그러한 생명을 무한정 복제할 수 있게까지 된 21세기의 생명과학은, 그 놀라운 효능만큼이나 인간이라는 종(種)과 생태계 전체에 시공간적으로 핵무기보다 더 끔찍한 폐해를 가져올 수 있게 되었다. 생명과학이 생명의 존엄성을 으뜸의 가치로 삼는 생명윤리와 융화하지 않을 때에 파멸의 시나리오는 현실화될 수밖에 없다.

'첨단생명과학의 시대'에 우리는 인간성과 생명의 존엄성을 지켜내는 것은 물론 생명과학의 바람직한 발전을 위해서도, 오직 성장과 발전이라는 키워드뿐 아니라 그것의 윤리적 · 사회적 의미라는 맥락으로 생명과학을 파악해야 한다. 즉 '인간복제'와 '유전자변형(조작)'이라는 새로운 상황 앞에서 맹목적으로 열광하고 환호하거나, 조건반사적으로 두려워하고 배격하는 것을 넘어서 '인간' 과 '인간의 존엄성' 이라는 '생명윤리' 와 '과학 본연' 의 잣대로 냉철하게 성찰할 수 있어야 한다. 이 점에서 생명과학과 생명윤리는 일부에서 생각하듯 적이 아니라 동맹군인 셈이다.

| 참고문헌 |

• 강경선, 「생명윤리 논쟁 극복을 위한 대안: 성인줄기세포의 다양한 분화 능력과 그
한계」, 한국생명윤리학회 봄철 학술대회 자료집 『줄기세포 연구와 생명윤리』, 2003

• 김환석, 「과학기술시대의 연구윤리: 생명공학분야를 중심으로」, 제25회 토지문화
재단 세미나 자료집 『생명공학 시대의 연구 윤리』, 2001

• 김훈기, 「한국 생명공학 정책의제형성과정에 대한 연구」, 고려대학교 박사학위논
문, 2001

• 박세필, 「체세포를 이용한 생명체 복제기술의 의학적, 의료적 효능—배아복제와 배
아줄기세포」, 『인간배아복제 '14일론' 집중토론회 자료집』, 참여연대 시민과학센
터, 2000

• 박희주, 「한국의 생명복제논쟁」, 『생명윤리』, 2002

• 생명윤리자문위원회, 「바람직한 생명윤리기본법 제정을 위한 생명윤리자문위원회
활동 보고서」, 서울대학교 의학박사학위논문, 2001

• 이은정, 「국내 생명윤리 논쟁의 현황과 쟁점—생명복제와 인간배아줄기세포 연구
를 중심으로」, 서울대학교 의학박사학위논문, 2005

• 전방욱 · 김만재, 「일간 신문에 나타난 배아복제 관련보도 분석」, 『생명윤리』, 2003

• 정규원, 「체세포 핵치환술에 의한 인간배아복제에 대한 법적 고찰」, 『인간배아복제
'14일론' 집중토론회 자료집』, 참여연대 시민과학센터, 2000

• 조성겸, 「생명과학 이슈에 대한 일반시민 의견조사」, 한국과학기술원 ELSI 연구실,
2003

• 황상익, 「인간복제 어떻게 이해할 것인가: 다시 쓰는 생명의 역사」, 신동아 1997년
4월호

• 황상익, 「유전자변형과 생명복제」, 제25회 토지문화재단 세미나 자료집 『생명공학
시대의 연구 윤리』, 2001

• 황상익 등, 「생명공학 안전 및 윤리성 확보 방안에 관한 연구」, 과학기술부 보고서,
1999

• Harris, John *Clones, Genes, and Immortality* Oxford, New York: Oxford
University Press, 1998

• Lauritzen, Paul *Cloning and the Future of Human Embryo Research* New
York: Oxford University Press, 2001

준비되었는가, 그렇지 못한가?*
: 임상시험으로 향하는 인간 배아줄기세포

- 그레첸 보겔(《사이언스》 독일주재 기자)
  번역 김명진(성공회대학교 강사, 과학기술사)

2005년 5월 말 하원의원 제임스 랜저빈(James Langevin)은 줄기세포 연구 지원에 대한 연방 규칙을 완화시키는 쪽에 자신의 한 표를 던졌다. 로드아일랜드 출신의 민주당 의원인 랜저빈은 투표에 들어가기 전에 동료 의원들에게 이렇게 말했다. "나는 언젠가 내가 다시 걷게 되리라고 믿습니다." 16세 때 총기사고로 하반신이 마비된 랜저빈은 자신의 뜻에 동참해줄 것을 동료 의원들에게 호소했다. "줄기세포 연구는 우리에게 희망과 믿음을 갖게 하는 이유가 되고 있습니다. …… 우리는 수백만에 달하는 미국인들에게 도움을 줄 수 있는 역사적인 기회를 맞이했습니다."

이와 같은 감동적인 호소와 함께 의회에서 격렬한 논의가 벌어지고, 기업과 주 정부에서 나온 수십억 달러의 돈이 인간 배아줄기세포 연구에 퍼부어지는 것을 보면, 당장에라도 배아줄기세포의 치료 응용

---

* Gretchen Vogel, "Ready or Not?: Human ES Cells Head Toward the Clinic," *Science* 308 (10 June 2005), 1534–1538.

이 임박한 것 같은 느낌을 종종 받게 된다. 그러나 배아줄기세포를 지지하는 사람들의 주장을 자세히 분석해보면, 아무리 급진적인 주장을 하는 사람이라 해도 그의 말 속에는 항상 '언젠가(someday)'라는 단서 조항이 들어 있다.

그 언젠가가 언제쯤 도래할지는 결코 분명치가 않다. 과학자들은 인간 배아줄기세포 연구가 인간의 발달과정과 질병에 대해 새로운 이해를 제공하리라는 데 거의 의견을 같이하고 있다. 그러나 그 세포들이 랜저빈과 같은 환자들을 치료하는 데 실제로 쓰일 수 있을지에 대해서는 덜 분명한 태도를 보인다. 세포치료는 약물치료보다 훨씬 더 어려운 일이고, 체내에 있는 어떤 세포 유형으로도 분화할 수 있는 잠재력을 지닌 인간 배아줄기세포는 특수한 위험을 내포하고 있기 때문이다.

"(인간 배아줄기)세포에서 가장 눈여겨볼 점은 그것이 지닌 힘입니다." 위스콘신-매디슨 대학의 신경과학자인 클라이브 스벤슨(Clive Svendsen)의 말이다. 그는 태아줄기세포와 배아줄기세포를 모두 연구하고 있다. 배아줄기세포가 지닌 극단적인 유연성과 성장 능력은 예컨대 당뇨병이나 척수손상과 같은 질병 치료를 위한 치료용 세포들을 대량으로 생산하는 데 이상적이다. 그러나 그 같은 특성은 동물 연구에서 나타났듯, 배신자 세포들이 원치 않는 부작용을(정해진 부위를 벗어나 엉뚱한 곳으로 가거나 심지어 암세포의 성장을 유발하는 등의) 일으킬 수 있는 위험을 증가시킨다. 그 세포들을 환자의 몸속에 집어넣는 것을 고려하기 이전에 "시험접시 위에서 그 힘을 제어하는 법을 배워야 합니다."라고 스벤슨은 말한다.

그러한 이유 때문에 대부분의 연구팀들은 앞으로 임상시험에 도달하려면 적어도 5년, 가능성으로 따지면 10년 정도는 더 있어야 한다고 말한다. 그러나 한 회사가 그러한 유보된 시점에 도전하고 있다. 캘리포니아 주 먼로 파크에 있는 제론(Geron) 사는 자사의 동물 연구를 통해 줄기세포 치료가 안전하며 제한된 환자집단에 대해 효능을 발휘할 수 있다고 발표했다. 이 회사는 빠르면 2006년 여름 인간 배아줄기세포로 척수손상을 치료하는 임상시험을 시작할 수 있기를 바라고 있다. 이미 이 회사는 식품의약국(FDA)과 이를 협의하는 과정에 있으며, FDA는 이 분야에 대한 안전 기준을 정하려 하고 있다. FDA 세포 및 유전자치료 부서의 말콤 무스(Malcolm Moos)는 인간 배아줄기세포로 수행될 치료는 모든 세포치료가 겪는 것과 마찬가지의 어려움에 직면할 것이라고 말한다. 즉 환자에게 주입되는 세포 군락의 순도나 효능을 측정할 수 있는 표준화된 기법이 거의 없다는 문제에 직면하게 된다.

대다수의 줄기세포 연구자들은 제론 사의 계획에 대해 상당히 회의적인 입장을 취하고 있으며, 성급한 임상시험은 이미 논쟁이 되고 있는 이 분야에 심각한 타격을 입힐 수 있다고 경고한다. 그리고 FDA가 임상시험을 허용할지 여부에 대해서도 아직 결정된 바는 아무것도 없다. 그러나 제론 사는 1998년에 최초의 인간 배아줄기세포를 분리해낸 연구자들을 지원한 바 있고, 이번 임상시험도 계속 밀어붙일 만한 몇 가지 이유를 갖고 있다. 제론 사는 다수의 환자들과 함께 독점적인 라이선스를 보유하고 있으며, 그 덕에 인간 배아줄기세포로부터 가능한 치료법을 개발하는 데 훨씬 더 자유롭고 그만큼 더 고무적이다. 그리고 과학자들은 그 결과가 어떻든, 제론 사의 야심찬 계획이 앞으로 과학자들이 인간 배아줄기세포 치료의 안전성과 효능을 증명하는 데 있어 넘

어서야 하는 장애물들을 보여주는 사례가 되리라는 데 의견의 일치를
보고 있다.

소모된 신경 고치기

제론 사의 계획에 대해 회의적인 사람들조차 제론 사가 첫 번째
임상시험을 위해 그럴싸한 목표를 선택했다는 데 이의를 달지 않는다.
척수손상은 당뇨병이나 파킨슨병 같은 질병에 비하면 훨씬 더 다루기
쉬울 수 있기 때문이다(159쪽 상자글 참조). 임상시험은 캘리포니아-어
빈 대학의 신경과학자인 한스 카이르스테드(Hans Keirstead)가 이끄는
연구에 기반을 두게 될 것이다. 그는 캘리포니아 주의 제안 71호(주 차
원에서 인간 배아줄기세포 연구에 30억 달러를 지원하자는 법안)를 위한 캠페
인 과정에서 이 분야에 대해 설득력 있는 대변인 노릇을 해낸 인물이다.

2004년 가을 캠페인을 하는 동안 카이르스테드는 당시 자신의 미
발표 연구를 설명하면서, 척수손상을 입은 쥐들이 인간 배아줄기세포
에서 유도한 세포를 주입받은 후 활동성을 다소 회복하는 모습을 담은
비디오를 보여주었다. "나는 이 일에 무척 열정적입니다. 나는 이미 희
망의 지점을 지났습니다. 내 머릿속에 남은 문제는 '과연 언제 할 것인
가' 뿐입니다. 이러한 동물 실험을 볼 때 그 가능성은 엄청납니다."

카이르스테드와 동료들은 제론 사의 자금과 기술지원을 받아 인
간 배아줄기세포를 희소돌기아교세포(oligodendrocyte) 전구체라 불리
는 세포들로 분화시키는 프로토콜을 개발해왔다. 이 전구체는 희소돌
기아교세포를 형성할 수 있는데, 이 세포는 축삭(axon, 신경세포에서 나
온 긴 돌기)의 겉을 감싸는 말이집(myelin sheath, 수초)을 생산해 신경단

위세포(neuron)가 축삭을 따라 신호를 보낼 수 있게끔 해주는 기능을 갖는다. 이 말이집은 척수손상 때 종종 같이 사라진다.

5월에 〈저널 오브 뉴로사이언스(Journal of Neuroscience)〉에 실린 논문에서 카이르스테드의 팀은 이러한 전구체들을 척수에 주입하면 척수손상 증상을 겪던 쥐들의 회복을 향상시키는 데 도움이 된다고 보고 했다. 이 세포들은 손상된 신경단위세포를 대체하는 것이 아니며, 말이집형성(myelination)을 다소 복원함으로써 자연 치유 과정을 촉진하는 것으로 추정된다고 카이르스테드는 말한다. 이전의 생쥐 연구들은 다쳤거나 병에 걸린 동물에 희소돌기아교세포를 형성하는 생쥐 세포를 주입해 말이집형성을 어느 정도 복원할 수 있음을 입증하였는데, 카이르스테드의 팀이 인간의 배아줄기세포도 유사한 효능을 가질 수 있음을 처음으로 보여준 것이었다.

막 다친 쥐들의 경우 결과는 상당히 유망해 보였다. 다친 지 일주일 된 동물에게 희소돌기아교세포 전구체를 주입하자 세포가 살아남아 척수의 말이집을 수선하는 것을 돕는 것처럼 보였다. 2주 이내에 시술을 한 경우 치료받은 쥐들은 인간의 섬유아세포를 주입받거나 세포가 들어 있지 않은 주사를 맞은 대조군 쥐들에 비해 표준적인 동작 검사에서 훨씬 더 나은 성적을 올렸다.

그러나 다친 후 10개월이 지난 쥐들에게 세포를 주입했을 때는 아무런 효과도 발견하지 못했다. 이는 랜저빈처럼 해묵은 부상으로 고통받는 사람들에게는 애석한 소식이다. 세포들이 살아남긴 했지만 오래된 손상은 수선할 수 없는 것처럼 보였다. 이러한 이유 때문에 카이르스테드는 제론 사가 계획 중인 임상시험은 막 상처를 입은 환자들을 대상으로 할 것이라고 말한다.

만약 계획대로 진행된다면 1상 임상시험은 아주 소수의 환자들만을 대상으로 하게 될 것이다. 더 중요한 것은(카이르스테드는 이 점을 강조하고 있다.) 이 첫 번째 임상시험이 치료를 목적으로 하는 것이 아니라는 사실이다. 임상시험의 일차 목표는 치료가 사람에게 안전하다는 것을 보이는 데 있다. "일반대중과 과학자들은 이것이 최초의 시도라는 점을 알아야만 합니다. 환자들이 치료될 것이라고 기대하는 사람은 아무도 없습니다. 우리는 그들을 시술할 테지만, 시술 결과 어느 정도의 반응이 나타날지에 대해서는 전혀 모릅니다."

잠재된 위험

사실 안전성을 입증하는 일만 해도 충분히 어려운 주문이다. 수많은 동물 연구에서 생쥐와 인간의 배아줄기세포를 제어하기가 힘들다는 사실이 이미 입증되었다. 예컨대 배아줄기세포가 엉뚱한 종류의 세포로 분화하거나, 주입된 장소를 벗어나 다른 곳으로 옮겨가거나 한다는 사실이 밝혀졌다.

제론 사는 척수 임상시험에서 오직 하나의 세포 유형만을 형성할 수 있는 배아줄기세포-유도세포를 주입할 계획이다. 이런 접근법은 앞서 지적한 문제 중 일부를 피해갈 수 있는 방법이다. 환자가 완전히 회복되려면 새로운 신경단위세포뿐 아니라 별아교세포(astrocyte)라는 이름을 가진 여타의 지원 세포들도 함께 필요하다. 그러나 이러한 3가지 신경세포 유형 모두로 분화가능한 전구체를 이용하는 것은 문제가 될 수 있다. 이전에 설치류를 이용한 몇몇 연구에서는 부분적으로만 분화시킨 생쥐의 배아줄기세포를 척수에 주입하자 신경단위세포·별아교세포·희소돌기아교세포를 형성해 동물이 척수손상에서 회복하는 것을 도와주었다. 그러나 더 최근의 연구에서는 성체 동물에서 추출한 신경 줄기세포들—역시 3가지 유형 모두로 분화가능한—이 문제를 일으켰다. 스웨덴 스톡홀름에 있는 카롤린스카(Karolinska) 연구소의 크리스토프 호프스테터(Christoph Hofstetter)와 그 동료들은 올 3월 〈네이처 뉴로사이언스(Nature Neuroscience)〉에 실은 논문에서, 신경 줄기세포 치료가 마비된 쥐의 뒷다리에 다소 회복을 가져오긴 했지만 동시에 부상을 입지 않은 앞다리에도 장기간에 걸친 통증 민감성을 유발했다고 보고했다. 반면 별아교세포가 형성되는 것을 막은 다른 실험에서는 부작용이 사라지는 것처럼 보였는데, 이러한 결과는 적절한 분화의 중요성을 다시금 강조하고 있다고 스벤슨은 말한다.

아마도 가장 큰 걱정거리는 인간 배아줄기세포 치료가 암세포의 형성을 촉발하리라는 점이다. 이는 배아줄기세포의 주요 특징 가운데 하나로, 그것을 면역력이 억제된 생쥐의 피부 아래에 미분화된 형태로 주입했을 때 기형종(teratoma)이라고 불리는 무질서한 암조직을 형성한다는 것이다. "배아줄기세포는 기본적으로 암을 형성하는 세포입니다." 스웨덴 룬트 대학의 신경과학자 안데르스 비욕룬트(Anders Bjorklund)는 말한다. "배아줄기세포를 임상에 응용하기 전에 이 문제를 심각하게 고려하지 않으면 안 됩니다." 설사 그 종양이 양성 종양이라고 해도 중앙 신경계에 생겼을 때에는 치명적일 수 있다고 스벤슨은 말한다. "양성이건 악성이건 그것이 척수 내에서 성장한다는 것은 좋은 소식이 못 됩니다."

그러나 카이르스테드는 자신이 이러한 문제들을 해결했다고 믿고 있다. 열쇠는 분화 과정에 있다는 것이 그의 설명이다. 그는 분화 과정을 통해 97퍼센트의 세포들이 희소돌기아교세포 전구체 유형에 해당하는 유전자를 발현시킨 세포 군락을 만들어냈다고 주장한다. 그는 "만약 당신이 생짜 줄기세포를 그대로 주입한다면 기형종은 실제로 나타날 가능성이 있습니다."라고 시인한다. "그러나 그건 어제의 과학입니다. 요즘은 그 누구도 생짜 줄기세포를 그대로 주입하는 것은 생각하지도 않습니다." 카이르스테드와 동료들은 논문에서 자신들이 (희소돌기아교세포를 만들도록) 특화시킨 세포들이 주입 후 별아교세포나 신경단위세포를 형성했다는 증거는 찾지 못했다고 했다. 또한 연구팀은 주입된 세포들이 척수를 떠나는지 여부를 확인하고 지금까지는 그 세포들이 주입된 위치 근처에 머물러 있는 듯 보인다고 말한다.

스벤슨은 카이르스테드의 논문이 유망한 가능성을 보여주고 있다고 하면서, 하지만 이 연구를 환자들에게 적용할 준비가 되었는지에 대해서는 확신이 없다고 말한다. "그 연구는 임상시험 이전에 우리가 궁금해하는 세부사항까지 다루지는 못했습니다." 함정은 수백만 개의 세포들로 구성된 군락에 과연 미분화된 낙오자 세포가 하나도 없는지를 확인하기가 어렵다는 데 있다. 암세포 형성의 위험성을 평가하기 위해 카이르스테드와 동료들은 분화된 세포를 누드 쥐(면역계를 결핍한 채로 태어난 쥐)에게 시험하고 있다. 만약 동물들이 기형종의 징후 없이 1년 이상을 생존한다면 사람에게도 안전하다는 느낌이 들 것이라고 카이르스테드는 말한다.

몇몇 연구팀은 또 다른 문제인 동물 세포에 의한 오염가능성에 대해 연구 중이다. 지금까지 거의 모든 인간 배아줄기세포주는 동물에서 추출한 물질들에 노출되었다. 예컨대 배양 세포들은 어미 뱃속에 있는 송아지에서 추출한 혈청으로 생명을 유지했고, 대다수의 인간 배아줄기세포주는 영양세포(feeder cell)라고 불리는 생쥐 세포의 층 위에서 성장했다. 영양세포는 배아줄기세포가 분화하는 것을 방지하는 핵심 단백질을 제공한다.

이러한 기법들은 인간 배아줄기세포 치료가 외래 동물의 바이러스를 환자에게 옮기는 것은 아닌가 하는 우려를 낳았다. 이러한 우려에 대해 제론 사를 포함한 몇몇 연구팀은 최근에 사람의 영양세포층 위에서, 혹은 영양세포를 아예 쓰지 않고 새로운 세포주를 성장시키는 방법을 개발했다.

그러나 제론 사의 CEO인 토머스 오카르마(Tomas Okarma)는 예전의 세포주들은 그 특성이 더 잘 파악되어 있다는 장점이 있다고 말한다. 이 때문에 제론 사는 첫 번째 임상시험에서 위스콘신-매디슨 대학의 제임스 톰슨(James Thomson)이 유도했던 초기의 세포주 중 하나를 사용하려고 계획하고 있다. 감염의 위험을 줄이기 위해 제론 사는 이 세포들을 1년 이상 영양세포 없이 성장시키고 있다. 이는 FDA의 기준을 충족시킬 것으로 보인다. FDA는 배아줄기세포주가 이전에 동물 세포에 노출된 적이 있다 해도 일정한 안전 기준이 충족되기만 한다면 임상시험에 결격사유가 되지는 않는다고 밝힌 바 있다.

오카르마는 제론 사가 이 세포들이 오염되지 않았음을 보여줄 수 있다고 말한다. 그의 주장은 얼마 전 〈스템 셀즈(Stem Cells)〉에 실린 한 논문에 의해 뒷받침되고 있다. 하이파에 있는 테크니온-이스라엘 공과

대학의 조셉 이츠코비츠-엘더(Joseph Itskovitz-Eldor)와 그의 동료들은 다섯 개의 인간 배아줄기세포주와 여러 가지 생쥐 영양세포들에서 (생쥐의 모든 세포의 게놈 속에 숨어 있는) 쥐 레트로바이러스의 징후를 검사했다. 이 연구팀은 이른바 생쥐 백혈병 바이러스에 대한 수용기는 확인했지만, 수년 동안 생쥐의 영양세포 위에서 배양했음에도 불구하고 인간 세포가 바이러스에 감염되었다는 증거는 찾지 못했다. 이츠코비츠-엘더는 동물에서 추출한 물질들이 여전히 위험을 야기할 수 있다는 점을 시인한다. 하지만 그는 새 연구가 "이 세포들을 검사할 수 있음을 보여주었고, 우리는 그것을 임상적으로 사용하는 것이 가능하다고 믿습니다."라고 말하고 있다.

좀더 최근에 연구자들은 생쥐의 영양세포 사용이 야기할 수 있는 또 하나의 잠재적 문제점을 알아냈다. 2005년 2월 소크생물학연구소의 프레드 게이지(Fred Gage) 연구팀은 생쥐의 영양세포로 배양된 인간 배아줄기세포들이 세포 표면에 외래 당 분자를 발현시킨다고 보고했다. 또한 사람은 그 분자에 대한 항체를 갖고 있기 때문에, 주입한 세포들이 그 분자로 인해 사람의 면역체계의 영향을 받아 파괴될지도 모른다고 설명했다. 그렇게 된다면 현존하는 세포주를 이용한 모든 치료법은 성공 가능성이 사라질 것이다. 그러나 카이르스테드와 오카르마, 그리고 다른 과학자들은 이미 널리 알려진 그러한 우려들이 과장되었을지도 모른다고 말하고 있다. 게이지와 동료들은 일단 세포가 영양세포층으로부터 분리되고 나면 당 분자가 점차로 사라진다고 주장했다. 카이르스테드는 일단 세포가 생쥐의 영양세포층에서 몇 달 동안 떨어져 있게 되면 당 분자가 사라진다고 말한다. 오카르마는 제론 사에서 영양세포 없이 배양한 세포들은 외래 분자의 흔적을 전혀 보이지 않는다고 덧붙였다.

마지막으로 일부 과학자들은 배아줄기세포가 배양 과정에서 새로운 유해한 돌연변이를 일으킬 것을 우려한다. 이는 거의 모든 배양 세포들에서 흔하게 일어나는 현상이다. 메릴랜드 주 볼티모어의 국립 노화연구소에 있는 마헨드라 라오(Mahendra Rao) 박사는 "배아줄기세포는 배양 과정에서 성체줄기세포에 비해 대략 100배 정도 더 안정되어 있긴 하지만 완벽하지는 않습니다."라고 경고한다. 그러한 돌연변이를 미리 앞서 감지해내는 것은 특히 어려운 일이다.

다음 사람을 위한 길 내기

한편 FDA는 급성장하고 있는 이 분야를 위해 안전 기준을 마련하려 애쓰고 있다. FDA는 2000년에 배아로부터 뽑아낸 줄기세포를 포함하는 세포치료는 수술 기법이 아니라 약물로 규제될 것이라고 밝힌 바 있다. 이는 곧 연구자들이 일정한 순도와 효능 기준을 충족시켜야 함을 의미한다. 대다수 약물의 경우에는 이 기준을 세우는 것이 간단하며 측정도 쉽다. 그러나 무스는 세포 생산물의 경우 이는 훨씬 더 복잡하며, 세포 군락을 평가하기 위해 어떤 종류의 측정들을 사용할 것인지도 덜 분명하다고 말한다.

제론 사는 FDA의 조언을 얻어 이미 암의 위험을 측정하는 일에 착수했다. 오카르마에 따르면, 후속 연구에서 제론 사의 과학자들은 분화된 세포들을 서로 다른 양의 미분화된 인간 배아줄기세포와 섞어서 주입함으로써 누드 쥐에서 기형종을 발생시키는 문턱값을 정하려 하고 있다. 그는 제론 사가 미분화된 세포를 감지하는 '극히 예민한' 시약을 개발해 준비된 세포들이 그 수준을 넘지 않도록 할 수 있다고 덧붙였다.

FDA가 결정해야 하는 중요한 사안 중 하나는 세포치료를 사람에게 적용하기 전에 사람이 아닌 영장류에게 시험할 필요가 있는가 하는 문제다. 카이르스테드는 세포를 영장류에 이식하는 것이 안전을 위한 전제조건이라는 데 확신을 갖고 있지 않다. "문제는 우리가 사람 세포를 쥐에 넣었을 때보다 원숭이에게 넣었을 때 더 많은 것을 알 수 있느냐 하는 겁니다. 나는 그럴 거라고 생각하지 않습니다."

FDA의 무스도 이에 동의한다. "사람이 아닌 영장류가 언제나 필요한 선택은 아니며 사실 가장 좋은 선택인 경우도 거의 없습니다." 현재 무스는 FDA가 이번 건과 앞으로 있을 다른 경우들을 사안별로 (case-by-case basis) 평가할 것이라고 말하고 있다.

카이르스테드는 이러한 노력들이 차세대 연구팀들의 행보를 용이하게 해줄 것이라는 희망을 갖고 있다. 그는 최초의 임상시험이 다른 연구팀들을 위한 일련의 기준들을 남기게 될 것이라고 말한다. "일단 당신이 하고 나면 길을 닦아놓은 셈이 됩니다. 사륜구동 트럭을 몰고 정글 속을 달리면서 새로 길을 만들 필요가 없게 되는 거죠."

그리고 설사 최초의 임상시험이 제대로 성공을 거두지 못하더라도 이는 분야 전체를 일보 전진시킬 것이라고 카이르스테드는 믿는다. "성공하지 못한 시험은 앞으로 전진하는 데 있어 매우 중요합니다. 이는 환자들과 언론이 듣고 싶어하지 않는 얘기일 수도 있습니다. 하지만 그게 현실입니다. 성공하지 못한 시험은 성공한 시험만큼 상세한 검토를 하게 됩니다." 그러나 그는 여전히 고집스러울 정도로 낙관적이다.

"우리는 위험을 완전히 제거할 수는 없습니다. 그러나 나는 위험이 적고 성공 가능성이 높다고 믿기 때문에 밤에 편히 잠을 청할 수 있습니다."

그럼에도 많은 과학자들은 제론 사의 너무 빠른 행보를 걱정한다. 그들은 한 젊은 환자가 예상치 못한 면역 반응으로 사망하고 다른 환자들이 치명적인 백혈병에 걸린 유전자치료의 임상시험 사례를 지적한다. 메릴랜드 주 볼티모어에 있는 존스홉킨스대학의 신경과학자 더글러스 커(Douglas Kerr)는 "유전자치료는 우리가 그로부터 배울 수 있는 하나의 패러다임입니다. 그들은 실제로 환자들에게 위해를 끼쳤고, 그것이 그 분야를 후퇴시켰습니다."라고 말한다.

다른 과학자들은 큰 주목을 받았던 정치적 논쟁으로 인해 이미 이 분야에 대한 기대치가 너무 높아져버렸다는 점을 우려한다. 특히 치명적인 질병과 싸우고 있는 환자들 사이에서 그렇다. 스페인 알리칸테에 있는 미구엘 에르난데스 대학의 줄기세포 연구자인 베르나 소리아(Bernat Soria)는 과대광고가 아닌 정직성만이 문제를 풀 수 있는 열쇠라고 지적한다. "환자들은 충분히 현명합니다. 당신이 그들에게 솔직하면 됩니다. 환자들은 내게 이렇게 말합니다. '내가 걸린 병에 대해 치료법이 나올 수 있을지는 잘 모르겠군요. 하지만 그래도 연구를 계속해주세요.' 사람들은 그 길이 기나긴 여정이 되리라는 사실을 잘 알고 있습니다."

여전히 차례를 기다리며

배아줄기세포의 열성적 지지자들조차도 제론의 목표—척수손상 환자에 대한 인간 배아줄기세포 치료의 임상시험을 1년 내에 개시하겠다는—가 실현가능성이 희박한 모험이라는 데 동의한다. 줄기세포를 이용해 다른 질병들, 가령 당뇨병이나 파킨슨병, 근육위축가쪽경화증(amyotrophic lateral sclerosis, ALS), 다발경화증(multiple sclerosis, MS) 같은 질병을 치료하는 것은 그보다 더 요원한 일이다. 이 분야에 있는 대다수의 과학자들은 이 중 어떤 질병도 5년에서 10년 내에 임상에 대한 적용이 시작될 가망이 없다는 데 동의한다. 그나마도 풍족한 자금지원과 예상보다 빠른 과학적 진보가 이루어진다고 가정할 때 그러하다.

인간 배아줄기세포 연구의 강력한 지지자들 중 일부는 제1형 당뇨병(type 1 diabetes)에 대한 치료법을 찾을 수 있기를 희망하고 있다. 일례로 캘리포니아 주의 제안 71호를 통과시키는 과정에 힘을 보탠 로버트 클라인(Robert Klein)은 자신의 일차적인 동기가 당뇨병에 걸린 아들의 치료법을 찾는 것이라고 말한다. 당뇨병은 혈중 인슐린 농도를 조절하는 췌장의 β세포를 죽인다. 환자들은 수시로 인슐린 주사를 맞아야 하고 신장부전이나 실명(失明) 같은 다양한 합병증에 시달린다. 이때 없어진 세포를 다시 채워넣으면 병을 고칠 수 있다. 시체에서 뽑아낸 β세포를 이식한 최초의 시도들은 가능성을 열어주는 듯했다. 그러나 부작용이 나타나고 이식된 세포가 얼마 안 가 사멸한다는 사실이 밝혀지면서 열광이 한풀 꺾였다(*Science*, 1 October 2004, p. 34). 그리고 설사 이 치료법이 완벽하게 효능을 발휘한다 해도 세포 이식을 한 번 할 때마다 여러 구의 시체가 필요하다는 문제가 있다. 그래서 연구자들은 수백만의 환자들에게 치료 혜택을 줄 수 있는 재생가능한 세포원(源)을 찾고 있다.

이론적으로는 인간 배아줄기세포가 이러한 요구를 충족시키기에 가장 훌륭하다. 그러나 실제에 있어서는 몇몇 연구팀들이 생쥐의 배아줄기세포를 인슐린을 만드는 세포로 분화시키는 데 성공하긴 했지만, 아직 생쥐나 인간의 배아줄기세포로부터 진짜 β세포를 유도해내지는 못했다. 췌장세포가 신경세포나 심장 근육세포와 달리 임신 과정에서 가장 늦게 발달하는 세포 중 하나라는 것도 그 이유가 될 것이다. 췌장세포는 생쥐의 경우 15일이나 16일경 즉 출산 하루나 이틀 전쯤 모습을 드러내며, 사람의 경우에는 임신 5개월이나 6개월쯤에 나타난다. "갈 길이 멀면 도중에 길을 잃을 가능성도 그만큼 높아지는 거죠."라고 베르나 소리아는 설명한다. 그는 생쥐와 인간의 배아줄기세포로부터 β 유사세포를 만들어내려는 시도를 해왔다. 소리아는 다행스럽게도 β세포를 완전한 형태로 만들어낼 필요는 없는 것 같다고 말한다. 몇 가지 유형의 인슐린 생산 세포들이 생쥐의 당뇨병 증상을 완화하는 데 도움을 주었기 때문이다.

그러나 안전성 문제에 관해서는 그러한 여유를 부릴 수가 없다. 당뇨병은 만성 질병이긴 하지만 반드시 죽음에 이를 정도로 치명적인 질병은 아니다. 따라서 어떠한 세포치료든 인슐린 주사와 비교해 더 안전하고 더 큰 효능이 있어야 한다. "당뇨병에 대한 근본 치료는 불가능하지만, 지금도 치료제는 있습니다."라고 소리아는 말한다. "환자와 그 가족들로부터 강한 압박이 있긴 하지만, 세포치료에 대한 요구가 그리 크지는 않습니다."

과학자들은 세포치료를 통해 파킨슨병을 고치려는 시도를 진작부터 해왔다. 파킨슨병은 신경전달물질인 도파민을 생산하는 뇌 속의 신경단위세포를 공격해 환자들이 점차 활동성을 상실하게 되는 질병이다. 지난 10년간 수차례의 임상시험에서 의사들은 태아조직에서 뽑아낸 도파민 생산 세포들을 이식해 분명하게 엇갈리는 결과들을 얻었다. 일부 환자들이 병세에 상당한 차도를 보인 반면, 다른 환자들은 거의 혹은 전혀 차도가 없었다. 그리고 일부 환자들에게서는 제어할 수 없는 경련 증세와 같은 심각한 부작용이 나타났다. 과학자들은 아직 무엇이 잘못되었는지 확실히 모르고 있다. 환자들에게 너무 많거나 너무 적은 태아 세포를 주입한 것은 아닌가 하고 일부 과학자들이 추측하고 있는 정도이다. 주입하는 세포의 특성을 실험실에서 확실히 알아내기란 쉬운 일이 아니다.

배아줄기세포에서 뽑아낸 도파민 생산 신경단위세포들은 무제한적이고 특성이 잘 정의된 세포원이 될 수 있다. 그리고 원숭이를 대상으로 한 교토대학 연구팀의 임상시험에서는 원숭이 배아줄기세포에서 키워낸 도파민 생산 신경단위세포들이 동물의 증상을 호전시킬 수 있었다. 그러나 신경과학자 비욜룬트는 배아줄기세포에서 추출한 세포들을 파킨슨병 환자들에게 시험하기 이전에 과학자들이 이식된 세포들이 뇌 속에서 어떻게 행동하는지에 대해 더 많은 것을 이해할 필요가 있다고 말한다. 그는 "현재의 지식은 임상시험을 정당화할 만큼 높은 수준이 못 됩니다."라고 덧붙인다.

근육위축가쪽경화증(ALS)의 악몽에 시달리는 환자와 의사들은 인간 배아줄기세포를 이용한 초기 치료법에서 나타날 수 있는 높은 위험을 기꺼이 감수할 의향이 있을지 모른다. 운동 신경단위세포를 죽이는 이 질병은 예외없이 죽음에 이르며 유효한 치료법이 전혀 없어 환자는 진단 시점에서 5년 내에 사망하는 것이 보통이다. 그러나 존스홉킨스대학의 운동질환 전문가인 더글러스 커는 "ALS는 다른 질병에 비해 세포치료로 고치는 것이 몇 배 더 어렵습니다."라고 말한다. 의사들은 아직 이 질병의 원인을 확실히 알지 못하고 있고, 설사 과학자들이 줄기세포를 써서 없어진 운동 신경단위세포를 다시 채워넣을 수 있다 해도―커는 이 자체만으로도 '상당히 어려운 주문'이라고 한다―새로 생긴 신경단위세포 역시 동일한 죽음의 공격에 노출될 수 있다. 좀더 전망있는 길은 손상을 어떻게든 지연시키는 것을 돕는 세포 내지 혼합 세포군을 만들어내는 것이라고 말하고 있지만, 어떤 세포(군)가 그런 역할을 할 수 있을지는 아무도 모른다.

카이르스테드는 다발경화증(MS)의 치료 또한 같은 어려움에 직면해 있다고 말한다. "줄기세포로 MS를 치료하는 것은 아직 까마득하게 먼 과제입니다." 척수손상과 마찬가지로 이 질병은 신경세포를 둘러싸고 있는 말이집을 공격하는데, 희소돌기아교세포 전구체를 주입하자 동물 모델에서는 긍정적 효과가 나타났다. 그러나 카이르스테드는 사람의 경우 훨씬 더 복잡하다고 말한다. MS로 손상된 신경은 이미 희소돌기아교세포 전구체로 둘러싸여 있는데도 뭔가가 이 세포의 기능을 방해하고 있다는 것이다. 척수손상 환자를 도울 수 있는 전망에 대해 그토록 낙관적이었던 카이르스테드도 다른 질병에 걸린 환자들에 대해서는 훨씬 신중한 태도를 취한다. "파킨슨병이나 MS, 뇌졸중에 관한 연구를 보면 척수손상은 이러한 전략(줄기세포를 이용한 치료법)이 매우 유효한 사례라는 생각을 하게 됩니다. 반면 중앙 신경계의 다른 부분은 그렇지가 못합니다."

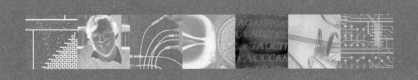

백욱인

서울대학교 사회학과에서 석사와 박사학위를 받았으며, 지금은 서울산업대학교 교양학부 교수로 있다.
지은 책으로는 『디지털이 세상을 바꾼다』(1998)가 있고, 네크로폰테의 『디지털이다』(1999)를 우리말로 옮겼다.

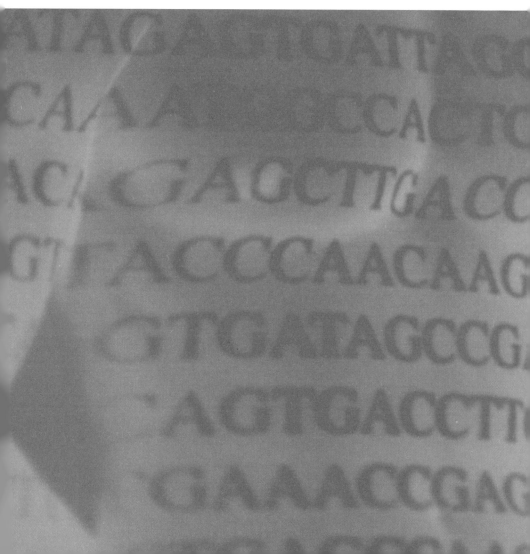

5

디지털복제 시대의 지식

"물질, 공간, 시간과 같은 물리적 요소는 지난 20년 사이 옛날의 그것과는 전혀 다른 것이 되어버렸다. 따라서 우리는, 디지털 복제 기술과 정보통신 분야의 신(新)발명이 지식의 형식과 생산구조 전체를 변화시키고, 또 이를 통해 지적 발상에도 영향을 끼치며, 나아가서는 지식의 개념 자체에까지도 놀라운 변화를 가져다주리라는 것을 예상하지 않으면 안 된다.*

1. 디지털복제 시대와 지식

벤야민은 1936년에 쓴 「기술복제 시대의 예술작품」을 통하여 당시의 생산조건에서 예술이 어떤 방향으로 변화할 것인가를 검토하였다. 사회적 조건과 예술 변화의 관계에 대한 그의 통찰력과 분석은 그로부터 70년 가까이 세월이 지난 현재에도 우리에게 여전히 많은 생각거리를 던져준다.

2차 세계대전 후 과학과 기술은 아주 빠른 속도로 발전하였고 그 결과, 당시와는 엄청나게 다른 생산 조건이 마련되었다. 대량생산

---

* 이 글은 발터 벤야민(Walter Benjamin)이 폴 발레리(Paul Balery)의 「편재성의 정복」에서 발췌해, 「기술복제 시대의 예술작품」 머리말 앞에 달아 놓은 문장을 패러디한 것이다. "물질, 공간, 시간과 같은 물리적 요소는 지난 20년 사이 옛날의 그것과는 전혀 다른 것이 되어버렸다. 따라서 우리는, 위대한 신(新)발명들이 예술형식의 기술 전체를 변화시키고, 또 이를 통해 예술적 발상에도 영향을 끼치며, 나아가서는 예술개념 자체에까지도 놀라운 변화를 가져다주리라는 것을 예상하지 않으면 안 된다." (벤야민, 「기술복제 시대의 예술작품」, 반성완 편역, 『발터 벤야민의 문예이론』, 민음사)

–대량소비의 포드주의에 따른 생산방식이 전 세계로 퍼져나가 정착한 이후에, 정보통신혁명을 통해 포스트포드주의의 새로운 축적양식이 나타났다. 변화된 생산조건은 예술을 포함하여 모든 지적 산물의 성격과 모양새를, 1930년대에 벤야민이 생각했던 것 못지않게 뒤바꾸고 있다. 특히 20세기 후반부터 본격적으로 진행된 정보통신혁명은 포드주의의 기계복제 시대를 넘어 디지털복제 시대를 열고 있다.

디지털복제 시대의 지식이 앞으로 어떤 모습으로 변화해나갈지에 대해 확실한 윤곽을 그리기는 아직 이르다. 그러나 현재 우리가 갖고 있는 지식 개념으로 새롭게 나타나고 있는 '지식 현상'을 재단해서는 안 될 것이다. 현재의 척도로 '지식'과 '지식이 아닌것'을 섣불리 나누어서는 안 된다. 이제까지의 지식이라는 개념이 새로운 '지식 현상'에 적용되지 않을 때 무엇을 포기할 것인가? 과거의 지식 개념을 버릴 것인가, 새로운 현상을 버릴 것인가? 두려움 없이 과감하게 새로운 지식 현상을 선택하는 사람과 과거의 틀로 현재의 현상을 재단하고 그 틀에 안주하는 사람 간에는 엄청난 차이가 있고, 그 차이는 얼마 안 가서 물질화된 결과로 각자에게 되돌아갈 것이다.

이 글에서는 디지털 시대에 변화하는 지식의 위상에 대해 몇 가지 현상적인 증후들을 살펴보면서 지식인과 대중의 위상 변화에 대해 생각해보고자 한다. 특히 사회적인 생산조건의 변화와 지식의 관계에 주목하면서 디지털복제 시대라는 새로운 생산조건에서 지식의 성격이 어떻게 변화하고 있는가를 살펴볼 것이다.

2. 새로운 지식의 성격과 특징

지식의 상호 연관성과 모듈화

디지털 시대의 지식은 과거 지식의 연장인 동시에 그와는 아주 다른 새로운 성격을 띠고 있다. 그것은 자신의 새로운 모습을 만들어가는 과정 중에 있다. 디지털 시대의 새로운 지식의 성격과 특징을 한마디로 그려내기란 여간 어렵지 않다. 그것은 모순투성이고 서로 대립되는 성격과 방향이 혼재되어 있는 혼합물이다. 즉 현재의 새로운 지식 유형은 대립물의 상호침투인 동시에 모순의 통일이며 완성되지 않은 진행형이라고 봐야 할 것이다. 지식의 '개방성'과 '폐쇄성', '수행성'과 '실천성', 상품성과 탈상품성, 개인성과 사회성 간의 긴장과 대립이 진행되고 있는 것이다.

인터넷은 지식과 정보를 혼합한다. 그것은 지식을 정보로 만드는 동시에 정보를 지식으로 전환하는 역할을 수행한다. 그래서 지식은 정보화되고 정보는 다시 지식화되는 과정을 통해 둘 사이의 구분 자체가 무의미해지도록 만든다. 지식이 다른 요소와의 연관성을 상실하면서 모듈화되면, 정보로 전환한다. 인터넷에서는 맥락이 끊어지고 모듈로 파편화된 지식이 정보의 형태로 제공된다. 그들 간에는 링크와 하이퍼텍스트라는 연결망이 새로운 맥락을 만드는, '정보의 지식화'로 이르는 실마리를 제공하고 있지만, 정보의 지식화는 최종적으로 그것을 사용하는 개인의 지적 조합 능력에 의존할 수밖에 없다.

정보는 그것을 구성하고 있는 요소 간에 어떤 필연적인 조합이나 연관을 갖고 있지 않다. 다른 정보와의 관계에서도 마찬가지다. 스스로 계기와 연속, 관련의 필연성을 갖고 있지 않다. 지식은 이와 달리 지식을 구성하는 내적 구성 요소 간의 개연성의 조합을 필연화해가는 길에서 만들어진다. 비록 그것이 과정적인 열린 지식이라 해도, 이래도 되고 저래도 되는 지식이란 없다. 내적으로 개연성을 넘어 필연적인 구성을 향한 지향성을 가져야 지식이다. 물론 하나의 지식과 다른 지식과의 관련성까지 필연화되지는 않지만, 진리의 개연성이란 테두리에서 서로 다른 지식들을 만날 수 있어야 한다. 설혹 어떤 특정 지식이 다른 지식에 의하여 반증과 검증의 대상이 되더라도 이를 통해 그들 간의 관계가 맺어지고 있다는 점에서, 이 두 가지 대립되는 지식은 진리라는 테두리 안에 있는 것이다.

다른 지식과의 만남의 필연성이 없는 상태에서 내적 구성 요소와의 불완전한 연관성을 지닌다면 그것은 지식보다는 정보에 가까워진다. 이것이 내용의 차원에서 파악한 지식의 정보화이다. 대체로 완결된 지식이나 외화된 지식, 단편적 지식은 쉽게 정보화된다. 지식의 정보화는 형식의 차원에서 보면 각종 미디어와 외화를 통해 이루어진다.

지식의 정보화가 이루어지면 인터넷이란 미디어로 전달되는 내용을 해체하고 재조립하는 능력이 발달한다. 생산된 지식의 상품화는 지식소비의 증대로 나타난다. 도구적인 지식의 생산은 모듈화를 통해 본격적으로 전개된다. 지식의 모듈화는 지적 생산물의 테

일러주의적인 공정화이기도 하다. 소프트웨어의 개발이 모듈화되어 이루어진다거나 각종 단편적인 지식의 링크가 결합되면서 합체 지식을 형성하는 사례가 빈번하게 등장한다. 원래 협동적인 지식 생산을 목적으로 만들어진 월드와이드웹은 지식의 모듈화에 바탕을 두고 있는 것이기도 하다. 모듈화된 지식은 소비자에 의해 짜맞춰지기를 기다리는 반완성 상태의 정보-지식으로서 정보와 지식의 중간적인 특성을 지닌다.

그것은 정보와 지식의 통합체인 동시에 자신보다 더 하위단계로 분리되기도 하고 더 상위단계로 융합되기도 한다. 이러한 사용자 의존성은 과거의 지식이 지식 생산자인 지식인과 깊게 연결되어 있던 것과 대비된다. 지식은 지식인과 합체였고 그것의 사용자는 생산자와 만나거나 결합되기 힘들었다. 그러나 이제 지식은 지식 생산자로부터 쉽게 분리되어 다른 사용자의 필요에 부합하는 형태로 분화되고 쪼개진다. 지식은 합체와 응용이 쉬운 최소 단위로 분리되어 모듈화된다. 모듈화되지 않는 지식은 상업화될 수 없고 그런 지식은 실용적 성능을 발휘할 수 없으므로 수행성에 제약을 갖게 된다. 결국 그런 지식은 상품화되지 않는 바깥 영역으로 밀려나거나 개인적 생산의 한정된 틀에서만 재생산된다.

생산적 지식과 소비적 지식의 구분과 분리가 어려워지는 것도 이런 사정에 기인한다. 이와 더불어 상업화된 지식은 당의정의 형태로 제공된다. 지식의 내용만큼 어떤 달콤한 맛으로 소비자의 구미를 당기게 할 것인지가 지식 생산에서 매우 중요한 역할을 담당하게 된다. 지식에 마케팅이 적용되는 것이다. 학술지식과 오락정보 사이에 만리장성이 사라지고 어떤 경우에는 상품으로서의 지식이 주도권을 장악하기도 한다.

링크와 하이퍼텍스트라는 미디어 형식은 정보와 지식의 상호연결성과 연관성을 확대하였다. 그러나 이들의 상호연관성은 정보와 지식의 '파편화', '모듈화'와 더불어 이루어진다는 특징을 지닌다. 링크를 통해 확대되는 상호연관성의 효과는 모듈화와 파편화의 대가로 얻어지는 것이다. 새로운 지식은 모듈화되고 파편화되지 않으면 서로 연관될 수 없다는 역설이 현실화된다. 지식은 총체성을 상실하고 부분으로 분해된 다음 다시 결합을 통하여 새로운 형체의 전체성을 만들어낸다.

물론 이런 지식의 내용이 디지털이라는 형식을 갖는다고 해서 현실세계의 지식과 단절되거나 그 내용이 완전히 다른 것은 아니다. 디지털 시대의 지식은 로고 블록이며 합체 로봇이다. 다만 지식의 모듈화, 파편화가 진행되는 동시에 지식의 선택과 합성이 이루어진다는 것이다. 그것도 빛의 속도로 매우 빠르고 신속하게 이루어진다.

이에 따라 간학문적 지식에 대한 요구가 급증하고 잡종 지식의 필요성이 부각되기도 한다. 경계의 소멸이나 '가로지르기'를 통해 과거 한 사람의 개성과 통일적인 사상의 총체성을 통하여 확보되던 지식을 집합적으로 재구성하려 든다. 물론 파편화된 지식을 서로 연결하여 짜깁기한다고 새로운 지식의 패러다임이 생겨나지는 않는다. 협동 연구와 집합적인 지적 작업의 성과는 장인적인 생산이 아니라 자본주의적인 생산체제를 전제로 하기 때문에, 개개 지식인의 실존적인 가로지르기가 개인의 지적 모험이나 몸부림은 될 수 있어도 새로운 지식 생산의 대안으로 삼기에는 역부족이다.

지식이 모듈화되면 지식의 생산 못지않게 지식의 소비능력이 중요한 위치를 차지하게 되는데, 이는 지식의 생산과 소비가 물질적 상품과 달리 소비능력에 의존하기 때문이다. 파편화되어 인터넷에 산재하는 정보와 지식은 사용자에 의하여 선택되고 결합된다. 곧 샘플링(sampling)과 믹싱(mixing)이 이루어지는 것이다. 현실의 음을 따서 디지털 음원을 만드는 것을 샘플링이라 하는데, 샘플링된 음원들은 믹싱을 거쳐 새로운 음악으로 재탄생한다. 이와 마찬가지로 지식 일반이 선택(selection)되고 합성(combining/synthesizing)됨으로써 디지털 지식체계를 이루어낸다.

지식의 축적성과 일과성

지식이 외화되어 데이터베이스화되거나 아카이브(archives)로 만들어지면 그것은 '집합적인 지식', 혹은 '정보의 집합'으로 작용한다. "집합적 지능의 목표는 상호 인정과 개인의 확장이지 물화된 공동체에 대한 숭배가 아니다."라는 견해도 있지만, 글로벌 브레인(global brain)은 수집된 정보나 서로 결합된 지식이기 때문에 물신화된 지식에 더 가깝다고도 보여진다.

인터넷은 지식의 유통에서 혁신적인 변화를 가져왔다. 지식 전달의 즉각성과 개방성, 전지구화를 통한 공간의 단축, 디지털복제를 통한 정보의 공유가 지식 유통체계를 바꾸었다. 중간에 지식을 저장하고 보관하던 전통적 의미의 아카이브가 디지털 아카이브로 전환되면서, 지식의 유통속도는 더욱 빨라졌고 지식의 실시간 이용이 이루어졌다.

네트의 지식은 자동으로 아카이브에 저장되지만 그것은 '차이를 반복'하면서 매일매일 새로운 대상과 연결될 준비를 하고 있다. 연결되는 다른 지식에 따라 지식의 새로운 계열화가 이루어지고 그것은 지식의 새로운 생성과 되기로 이어진다. 과정으로서의 지식, 다른 대상(지식)과 만남으로써 새롭게 계열화되고 색다른 맥락에 놓이면서 제3의 의미와 내용을 갖게 되는 미완결의 열린 지식이란 특성을 갖는다. 이러한 지식은 독립되어 완결된 형태로 존재했던 개별 저자의 완성된 저작에서 발견되는 자기 완결적 지식과는 다르다. 물론 과거의 저작도 다른 저자와의 연결과 연관을 갖고 있지만 그 연관의 줄기나 강도 그리고 상호 침투 및 계열화의 정도는 매우 약하고 제한되어 있었다.

결국 동일한 독립 주체의 통일적인 정체성은 여러 주체들의 차이와 다양성에 자리를 양도하기에 이른다. 축적성과 일과성의 동시적 진행은 '위키위키(WikiWiki)'와 같은 지식 유형에서 아주 잘 드러난다. 한 사람이 특정 항목에 대해 자신의 생각을 기술하면 다른 사람이 그것에 가필하거나 첨가할 수 있고 아예 지워버릴 수도 있다. 여러 사람의 지식이 융합되어 축적되는 동시에 하나의 과정으로서 일과성을 갖게 된다. 링크로 다른 항목과 연결되어 있는 백

과사전적인 지식들은 모듈화와 상호연관성을 동시에 보여준다.

인터넷은 시간과 공간의 제약을 뛰어넘어 지식의 생산과 소비를 연결한다. 지식 생산과 소비의 직접적인 연결은 지식의 순환 속도를 빠르게 만들고 지식의 생애 주기를 단축시키는 한편 새로운 지식에 대한 요구를 확대시킨다. 새로운 지식이 전파되는 시간은 컴퓨터 네트워크를 통한 커뮤니케이션이 활성화될수록 짧아진다. 지식의 생산과 소비를 잇는 온라인 커뮤니케이션과 상업적 유통이 증가하면 지식의 분배가 빨라지고 원활해지는 측면도 있지만, 반대로 지적재산권을 내건 상품화가 지식 유통을 차단하는 현상도 일어난다. 정보통신혁명은 좋고 나쁜 두 가지 결과를 함께 가져온다. 생산된 지식이 자유롭게 유통되면 지식의 소비와 활용에 도움이 된다. 그러나 지적재산권이라는 법적 권리를 업고 상업화된 지식은 상품화의 장벽을 넘어야만 소비할 수 있다. 이러한 지점이 지식의 분배에 영향을 미쳐서 불균등한 지식 소비와 활용으로 이어질 수도 있다.

디지털 자본주의 사회에서 지식의 분배는 지식에 접근할 수 있는 경제적인 능력과 지적 능력에 의해 결정된다. 지식의 상업화와 상품화가 가속화될수록 지식에 대한 접근권은 경제적인 능력에 의해 좌우된다. 이에 따라 지적재산권의 문제가 부각되는 한편 지식의 공유라는 흐름이 서로 엇갈리게 된다.

3. 지식 생산과 소프트웨어

소프트웨어 의존적 지식

0과 1의 매트릭스로 이루어진 디지털 세계는 언어의 집을 철거한다. 인간의 커뮤니케이션 상황에서 인간 상호간의 의미 전달이라는 의미론적 요소와 이를 지탱하는 문자의 중요성이 극단적으로 약화되면 생활세계의 언어는 더 이상 존재의 집이 아닐 수도 있다. 디지털 세상의 인간 존재는 수학적 알고리즘이라는 집에서 살게 될지도 모른다. 그럴 경우 소프트웨어에 대한 지식이 정치경제학 고전에 대한 독서보다 유용하다고 볼츠(Norvert Bolz)는 말한다.

디지털 세상에서는 이념에 바탕을 둔 실천이 아니라 실제에 대한 조작이 훨씬 큰 위력을 발휘하고 그에 따라 사회 전체의 판세가 달라진다. 이념 지향적 실천이 기계 언어의 조작에 의한 실행에 자리를 내주는 그런 시대가 된 셈이다. 이러한 변화를 직시할 때 하버마스(Jürgen Habermas)의 커뮤니케이션론을 지탱해주는 인간학적 개념과 전제들은 현실 설득력을 잃어버린다. 소프트웨어의 알고리즘이 언어라는 인간의 집을 접수하였기 때문이다.

이런 경우 인간과 기계의 만남이 커뮤니케이션에서 가장 중요한 영역으로 떠오르고 따라서 인터페이스의 문제는 대인관계보다 훨씬 더 일차적인 중요성을 지니게 된다. '인터페이스는 인간 상호간의 의미 전달을 위한 보조 도구'를 훨씬 뛰어넘는 의미를 확보한다.

이런 맥락에서 지식 생산의 소프트웨어 의존성이라는 문제가 발생한다. 전통적인 지식 생산에서는 동료와의 폐쇄적 그룹 내에서 제한적인 상호작용을 통해 개인의 인격과 분리할 수 없는 지적 생산물이 만들어진다. 화가가 자신의 그림에 낙관을 찍거나 작가가 자기 저작물에 서명을 하는 행위는 저자와 지식 결과물 간의 연속성과 동일성을 시사하는 징표이다. 그러나 디지털 시대의 지식은 상호 연관되어 있고 시공간적인 제약과 구속에서 자유로우며 상호작용의 폭과 넓이도 열려 있다. 아울러 서로의 주체성을 침범하지 않는 수준에서 하나의 글에 다수의 저작자가 참여하는 경우도 흔히 발견된다. 전자 게시판에서 독립된 저작자를 설정하는 일은 애당초 불가능한 것이고 FAQ나 위키위키의 저작자 자체를 밝힌다는 것도 무의미하다.

이러한 지식 생산물은 지식 생산주체의 수공업적 방식을 벗어나서 지식 생산도구에 의존하는 존재 조건을 갖는다. 디지털 온라인 네트워크에서는 소프트웨어에 의존하지 않고 지식을 생산하는 것이 불가능하다. 월드와이드웹이란 개념을 현실화하여 서로 하이퍼링크된 문서를 생산하고 그것 간의 연결을 통해 커뮤니케이션하거나 지식 결과물을 게시할 때 그것은 온라인에서 작동하는 소프트웨어의 구조와 특성에 크게 의존할 수밖에 없다. 소프트웨어의 아키텍처가 온라인 디지털 지식의 성격과 내용 및 형식에 일차적인 영향력을 행사하는 것이다.

마치 기계생산되는 대량생산품에서 설비라인을 담당하는 기계가 생산물의 성격과 모양을 틀 짓는 것과 마찬가지로 소프트웨어는 지식을 틀 짓는 주물이다. 그런 소프트웨어가 얼마나 자동화된 프로

세스를 갖고 있느냐와 그것의 사용자가 얼마나 소프트웨어 프로세싱에 관여하여 유연하게 작업할 수 있느냐에 따라 생산되는 지식의 성격도 현격한 차이가 난다. 이러한 소프트웨어의 자동성과 유연성은 관리자나 생산집단의 규율과 유연성의 관계와도 연관이 있다.

워드프로세싱과 타이핑의 차이는 무엇인가? 기계화된 절차를 통해 머릿속의 생각이 글자로 전환된다는 점에서 양자의 차이는 크지 않다. 그러나 타자기에 들어 있는 소프트웨어의 요소는 글자의 형상화와 조립 이외에는 없다. 이에 반해 워드프로세서는 수정·변환·편집·삭제·저장이라는 다양한 글쓰기 기능을 제공한다. 글쓰기의 패턴에 커다란 변화가 있다. 타자기의 기판을 누르는 손가락의 육체적인 동작(힘)이 기계 자판으로 옮겨져 타자기의 고리쇠가 잉크 리본을 딱딱한 롤러에 내리치면서 글자는 종이에 박힌다. 그야말로 '각명'되는 것이다. 컴퓨터에 쓰는 글자는 디지털 프로세서를 통해 256개 글자의 조합으로 바뀐 후 전자신호에 의해 모니터의 화소 정보로 전환되어 모니터 스크린에 글자로 나타난다. 그것은 타자기로 친 글자보다 휘발성이 강하고 수정하기도 쉽고 무게와 질감도 갖고 있지 않다.

이러한 디지털 글자는 메모리로 옮겨져 저장되거나 다시 꺼내 사용할 수 있다. 그런 결과물이 온라인으로 연결되면 자동 저장성의 힘이 발휘된다. 디지털 아카이브는 서로 연결된 문서 간의 고리를 통해 끝없는 연쇄고리를 확보하고 상호연결성이라는 생존의 연속성을 획득한다. 디지털로 저장됨으로써 갖게 되는 영속성과 다른 문서와 연결됨으로써 갖게 되는 연속성이 디지털 문서의 생명을 연장한다. 지식을 생산하고 유통 분배하는 기계는 미디어일 수도 있고 전문적인 지식 생산도구일 수도 있다. 정보를 조합하고 생성하는 새로운 도구의 발명은 지식의 생산방식에 영향을 미친다. 지식 자체가 '도구적'이고 '수행적'일 뿐만 아니라 이런 지식을 생산하는 생산도구 역시 '수행적'이고 '도구적'이다. 지식은 도구적이고 수행적인 역할을 담당하는 것으로 집중된다. 수행성과 도구성을 갖지 못하는 지식은 서서히 무대 뒤로 퇴장한다.

컴퓨터와 지식 생산 도구

지식 생산과 관련된 기술과 도구가 새롭게 등장하면 지식의 생산방식 또한 변화한다. 온라인 글쓰기나 하이퍼링크, 하이퍼텍스트의 일반화는 홈페이지와 이메일 기반의 의사소통을 가능하게 만들었다. 이것은 지식 생산의 디지털화, 지식 생산의 온라인화를 촉진하여 지식의 디지털화로 이어지게 되었다. 멀티미디어 프레젠테이션의 일반화, 시각자료 및 영상자료의 사용은 텍스트 위주의 글읽기와 지식 생산에서 종이책이 차지하던 역할과 권위를 약화시켰다.

지식의 수행성이 자본주의와 상업성의 요구와 결합되는 것이라면, 지식의 도구성은 컴퓨터 기술과 결합될 때 나타나는 특징을 말한다. 과거에 글을 쓰고 사유하는 데 사용하던 도구는 장인적인 도구와 마찬가지로 그것을 사용하는 사람의 능력에 크게 좌우된다. 문방구는 글을 주요 매체로 하는 서화의 도구이다. 책을 쓰는 것과 인쇄기가 책을 대량으로 찍어내는 것은 내용의 차이는 없을지라도 미디어 형식에는 커다란 차이가 있다. '기계적인 지식 생산'과 '장인적 지식 생산'의 차이점은 무엇인가? 컴퓨터라는 도구는 지식 생산에 어떤 영향을 미치는가? 지식의 소생산이 크게 위협당하는 시점이다.

도구는 점차 쇠락하여 장인이나 예술가들에 의해 겨우 명맥을 이어간다. 원시인의 도구가 돌도끼였다면 현대인의 도구는 각종 전자 기계다. 휴대전화와 컴퓨터는 현대인의 돌칼이자 창이다. 먹이를 찾고 잡기 위해 물색하고 사냥한다. 이제 먹잇감은 사슴이 아니라 정보로 변했다.

도구와 기계의 차이점은 현대 사회에서도 여전히 의미가 있다. 사람의 판단과 개입, 사물과 인간의 관계가 어떻게 자리잡느냐에 따라 그것이 기계인지 도구인지가 판가름 난다. 기계는 사람의 개입을 허용하지 않는다. 조종은 당해도 시종일관 사람의 개입을 차단하거나 대상으로 인간을 마주 대한다. 기계는 인간의 확장이기는 하지만 다시 인간에 마주서는 대타적 타자로서의 사물이다. 그것은 나로부터 외화된 대상성을 지니고 있으며, 나에게 종속되거나 의존하지 않는다. 그것이 기계다. 기계는 사물만큼이나 완고하며 물(物) 자체로서의 성격을 지니고 있다. 적절한 사회적 맥락과 공간에 놓여진 기계는 이제 인간의 행동을 강요하거나 특정한 노동이나 일을 강요하는 시스템이 된다.

산업혁명은 생산방식과 인간 노동을 크게 변화시켰다. 공장의 기계가 인간 노동을 지배한 지는 오래전 일이고 이제 소비에서도 기계가 사용된다. 일상생활에 기계가 침투하여 생활의 일부로 자리 잡고 있는 것이다. '기계와 인간의 공진화(共進化)'가 논의되기도 하지만 아직까지 기계와 인간은 그리 편한 사이만은 아니다. 생산현장의 기계는 인간 노동의 리듬을 지배하고 감시하고 통제한다. 다만 최종 소비재로 이루어진 생활공간의 기계는 인간의 삶을 더욱 편리하게 만들어주고 있다. 생산현장에서의 기계와 가정의 기계가 수행하는 역할이 각기 다른 것이다. 소비현장에서의 기계의 시발점은 시계와 타자기 정도에서 출발하여 포드주의를 거친 후 자동차와 각종 전자 제품에서 그 절정기를 맞이하였다.

4. 지식인과 대중의 위상 변화

지식의 수행성과 소비성

인터넷은 지식을 만들어내는 사람들, 곧 지식 생산자의 범위를 과거에 비해 뚜렷하게 넓혔다. 직업이나 지위에 따라 전문가로 정해지는 것이 아니라, 자신이 실제로 아는 것에 따라 지식의 현실 적합성이 판단되기에 이른 것이다. 이제 더 이상 주어진 자리의 권위나 특권을 배경으로 지식인 노릇 하기가 힘들게 되었다. 일반인의 상식 수준이 향상될 뿐만 아니라 일상생활에서 나온 지식의 적용 영역도 확대된다. 일상생활 구석구석에서 정보가 건져 올려지고 그것이 지식의 대상이 되기 시작하면, 제도적 절차를 거쳐 검증되던 전통적 의미의 지식은 일상생활과 관련된 유연한 지식들에게 그 영향력에서 밀리기 시작한다.

자본주의 사회의 지식은 여전히 그것이 자본의 재생산에 얼마나 잘 부응하고 기능적인가에 따라 효율성이 매겨지고, 지식에 대한 평가에서 수행성과 도구성은 여전히 우위를 차지한다. 최근의 지식 흐름에서는 수행성과 도구성 못지않게 오락성과 소비성이 요구된다. 오락성과 소비성을 함유하지 못하는 지식은 맛없는 지식이 되기 십상이다. 그것이 수행하는 기능성이 뛰어나더라도 재미없는 지식은 소비되기 쉽지 않으므로, 자본의 가치보전을 위해 광대의 옷을 빌려 입지 않을 수 없게 된다.

일상생활과 오락 및 취향이 정보로 포장되어 유통되고 지식이란 포장지를 걸치고 상품화되면 '문화의 지식화'와 '지식의 문화화'가 겹쳐서 일어나게 된다. 이제 정보와 지식의 경계나 분리가 어렵거나 무의미한 상태로 전개되고 있다. 지식기반 사회에서 지식의 상품화가 이루어지고 소프트웨어와 정보가 상업화되자, 드디어 성공한 경영자에게 '신지식인'이란 칭호를 부여하는 웃지 못할 일까지 벌어지게 되었다. 지식기반 사회의 새로운 지식인층은 지식의 상업적인 수행성을 충실하게 이행할 수 있어야 하며 자본주의적 수행성의 틀에서 벗어나면 사회적으로 불필요한 구지식인으로 전락하게 된다. "지식인은 죽었다 깨어나도 모른다."는 어느 검색 사이트의 광고 카피는 지식의 일상적 실행성이 새로운 지식의 기본 조

건이라는 데서 출발한다. 지식의 일상화와 일상 정보의 지식으로의
격상은 인문적 지식의 천시와 상업적 지식의 득세로 이어진다.

　　생각의 속도는 과거 지식인의 고립된 독립성을 여지없이 허문
다. 손으로 도구를 다루고 기계를 조작하는 물질의 세계에서는 '손
놀림의 정확성과 빠르기'가 생산성을 좌우하였다. 짐승을 재빠르게
포획하는 것이 중요했던 시대에는 '몸의 속도'가 관건이었다. 도구
를 사용하고 기계를 사용해서 물건을 만드는 시대에는 '손의 속도'
가 중요하다. 산업혁명을 거치면서 몸의 속도는 손의 속도에 자리를
빼앗겼고, 지식노동이 사회의 주요한 구성 부분으로 자리잡게 되면
이제 손의 속도는 생각의 속도에 밀려난다. 컴퓨터는 '생각의 속도'
를 기계 연산의 속도로 바꾸어놓았다. 컴퓨터 네트워크는 정지해 있
던 고립된 생각을 빛의 속도로 곳곳에 전달하도록 만들어주었다.

　　네트워크로 연결된 인터넷에서 생각은 속도를 가지고 이동한
다. 고립된 개별적 지식은 속도가 느리다. 그것은 질량이 큰 거물
사상가나 학자의 머릿속에서 움튼 생각의 싹이 스스로 자라나 부피
를 키우고 모양새를 갖추는 경로를 거쳐야 한다. 이러한 지식은 여
전히 뉴턴 물리학의 세계에 속한다. 질량이 생각의 속도와 비례한
다. 사람의 머리는 일년 반마다 두 배로 성장하는 중앙처리장치의
속도와 메모리의 기억 용량을 쫓아가지 못하기에 이르렀다.

　　네트워크의 지식은 가벼운 질량을 갖는 개체들이 빠른 속도로
움직이며 서로 충돌하면서 만들어진다. 전달과 재생산의 속도가 빠
르기 때문에 위치에너지보다 운동에너지가 높다. 작은 개체의 질량

에도 상호작용과 전달을 거쳐 움직이는 생각의 에너지는 결코 적지 않다. 그러나 정지하여 관조하지 못하는 생각은 무게를 갖지 않고 떠다니기 때문에 불안정하다. 질량을 갖는 사물이나 생각의 주체인 사람 안에 있지 않기 때문이다. 그것은 사유의 주체로부터 빠져나가 스스로 자립한 생각의 비트이고 외화된 정보이며 저절로 굴러가는 지식이다.

지식 생산의 측면에서 가장 큰 변화를 가져온 것은 무엇보다도 지식의 소비자가 생산자로서의 역할을 겸비하게 된 것이다. 일방적인 독자의 수준에 머물던 층이 지식의 생산에 참여하거나 자신의 생각을 펼쳐보일 수 있는 여지가 넓어지면서, 지식 생산자와 소비자의 경계가 불분명해지는 동시에 과거 지식의 틀이 흔들리게 되고 새로운 유형의 지식이 나타나게 되었다.

이와 함께 지식 생산이 이루어지는 장소도 달라진다. 산업사회의 지식이 대학과 연구소에서 주로 만들어졌다면, 이제 시장과 유흥가에서 정보가 산출되어 지식으로 모양을 바꿔간다. 지식 생산이 이루어지는 장소와 소비가 이루어지는 공간의 구분이 모호해진 것이다. 특히 인터넷이 생활세계에서 생산과 소비의 틈을 좁혀놓았고 현실공간과 사이버스페이스의 거리도 좁혀놓음으로써 공간의 구속력을 무력화시켰다. 온라인 컴퓨터 네트워크를 통해 지식이 만들어지는 장소와 시간은 매우 유연하게 변화하였고 상이한 지식들이 한데 얽히는 사태가 벌어지게 되었다. 지식은 장소 및 시간의 제약과 구속으로부터 자유로워졌다.

더불어 시간·공간·주체 대상의 폭과 경계가 무너지고 저자와 독자 간의 전통적인 구분도 무뎌진다. 이러한 지식 생산을 잘 보여주는 것이 위키위키다. 월드와이드웹의 기본 정신을 비교적 충실하게 담아내는 실험이 위키위키를 통해 전개되었다. 이러한 움직임은 전자 매체의 도구성과 인터넷의 범세계성과 열린체제로서의 특성이 지식 생산에 그대로 반영되는 사례다.

지식인과 글쓰기

정보와 지식의 경계가 무너지고 유통 속도가 빨라짐에 따라 지식 생산자로서의 지식인이 갖고 있던 엘리트적 지위도 무너진다. 전통적 지식인의 위기는 인문학의 위기와 연결되어 해석될 수 있지만, 과학과 기술의 변화 속도에 전통적 지식의 생산주체와 생산방식이 적응하지 못해 생겨나는 현상일 수도 있다. 일단 과학적인 근거나 검증이 불가능한 지식은 이미 논리실증주의에 의해 재단되었고, 수행성 위주로 재편된 지식은 대학을 포함한 지식 생산 구조 자체를 새롭게 재편하였다.

인터넷이란 새로운 매체의 보급은 글쓰기의 위상을 크게 바꿈으로써 전통적인 문인과 지식인의 지위를 뒤흔들어놓게 된다. 네트워크 환경에서는 네트에 연결된 많은 사람이 손쉽게 글쓰기에 참여한다. 상대에게 말하는 것은 키보드를 통해 그대로 모니터 위의 글자로 변환된다. 채팅은 문어적인 글쓰기를 말하기식 글쓰기로 바꾼다. 컴퓨터 모니터와 휴대전화의 스크린은 확장된 소리를 전달하는 미디어다. 그것은 글자를 전달하는 책과는 완전히 다른 매체다.

말은 글에 비해서 육체에 가깝다. 글은 머리와 손을 연결하지만 말은 머리와 입을 연결한다. 인터넷에 올라오는 수많은 글들은 말과 글을 융합하는 새로운 성격을 지닌다. 그것은 머리와 손과 입의 활동이 서로 협력하여 만든 산물이다. 그래서 말도 아니고 글도 아닌 '말글' 혹은 '글말' 이라는 제3의 새로운 미디어가 탄생하게 된 것이다.

말로 풀어내는 것을 글로 옮기는 것은 훨씬 쉽고 일상의 삶과 맞닿아 있다. 그래서 말로 하는 드라마가 가장 대중적이면서도 통속적이지만 그만큼 인기도 높은 것이다. 글로 쓰인 오락물과 말로 하는 연기가 주는 즐거움의 방식과 강도는 다르다. 글은 그냥 즐거움을 주지 않는다. 그것은 머리의 활동에서 즐거움의 호르몬을 분비하게 만들지만, 말은 귀의 자극을 통해 이미지는 눈의 자극을 통해 쾌락물질을 분비케 한다.

이러한 변화는 글쓰기를 업으로 삼던 과거의 지식인의 자리를 위협하고 그들이 누렸던 힘과 권위를 마구 흔든다. 지식과 정보의 구분이 무너지고 일상생활이 복잡하고 다양하게 분화되면 전통적 지식인의 전문 영역은 좁아지게 마련이다. 일상생활과 관련된 정보와 지식은 네트워크를 통해 공유되고 확산된다. 일반인이 정보의 생산자로, 지식의 전달자로 참여하는 마당이 열리게 되면 지식인의 전문적인 공간이 지니던 권위는 그만큼 약해진다. 신문 배달 소년들이 스포츠 경기에 대해 전문적 지식을 갖고 있다는 벤야민의 지적처럼, 이제 여러 사회 분야에서 자신의 일과 관련하여 만들어지는 지식의 전문 영역과, 취향을 통해 이루어지는 지식이 결코 만만치 않음을 알 수 있다.

과거에는 실천에의 압박과 적과의 투쟁에 대한 해방에의 압박이 글을 쓰게 만들었고, 그것은 논리에 기댄 객관적인 글이든 아니면 자신의 충동을 드러내고 선동하는 글이든 객관과 주관의 나름대로의 통일이라는 것을 지향하고 있었다. 구지식인인 과거 지식기사(知識技士)와 구별되는 지식인은 비판적 사회의식을 갖고 현실의 실천적인 요구에 몸소 개입하여 몸으로 행동의 선봉에 서는 삶의 자세를 갖춘 집단을 의미했다. 그들에게는 지식노동의 전문성으로 승부한다기보다는 전체적인 인격과 현실에서의 실천이 요구되었다. 시대의 요구에 정직하게 몸담는 이런 지식인의 자세는 시대적인 요구였고 억압적 사회 조건의 산물이었기에 그 자체로 의미있는 일이었다. 폭력적인 권력과 억압적 사회체제에 문제를 제기하는 것 자체가 지식인의 일차적인 과제였고 전문 영역에서의 지적 성실성과 성과는 이차적인 요구였다.

다른 한편 원전에의 경도는 주어진 텍스트의 무조건적인 숭배와 베껴 전달하기라는 틀로 이루어졌다. 이 과정이 식민지 지식인 혹은 기지촌 지식인의 숙명으로 비판되었고, 이러한 글쓰기가 실천의 압박이라는 최소한의 윤리적 당위와 결별하게 되면 학문적 지식상의 상업주의의 압박만 남는다. 따라서 이들의 글쓰기는 객관주의적인 커뮤니케이션 위주의 소통도 아니고, 현실적합성도 없는 완전히 수입상의 소매상 지식 전달 외에는 지식인으로서의 기능을 상실한다. 이에 대한 반동으로 주관적 글쓰기, 혹은 체험적 글쓰기가 태동한다. 그런데 이러한 글쓰기는 주로 개인 주관의 압박에서 출발한다. 그래서 상호소통을 위한 사회적 공동장의 마련에는 매우 인색하게 된다. 그 자체로 문제될 것은 없지만 표현주의적 글쓰기 또한 과학과 학문의 새로운 지식 형태 전화(轉化)에 맞는 대안은 못 된다. 각주와 인용으로 뒤범벅된 핵심 없는 논문에 대한 반기는 죽어버린 개체의 생명력과 압박의 진실성과 절박함을 불러일으켜주는 실존적인 자극으로는 의미가 있다. 그러나 그것이 인문학과 과학에 대한 대안은 될 수 없다. 하물며 지식인 일반에 대한 대안은 더더욱 될 수 없는 것이다.

과거의 전통적인 인문학적 지식인에서 이제 새로운 네트워크 지식인으로 사회적 위상과 모양새만 달라지는 것이 아니라, 그들에게 요구되는 여러 가지 특성 또한 달라지고 있다. 지식인은 글쓰기로 자기 실천의 정당함과 의미를 보상받도록 되어 있다. 그럼 글쓰지 못하는 지식인이란 무엇인가. 그렇다면 이른바 영상의 세대, 기호의 세대인 지금 글쓰기를 주요 장기로 갖고 있는 사람들에게 닥치는 위기는 인문학의 위기라는 수사를 넘어 더 본질적이고 핵심적인 변화상을 담고 있지는 않은가 따져보아야 할 것이다. 지식인의 문제를 실천 일반으로 환원하는 정치주의적인 자세나 개인의 압박과 충동 그리고 탈주로 해소해버리는 개인주의적 자세 모두를 경계해야 할 것이다.

박병상

현재 인천 도시생태 · 환경연구소 소장, 풀꽃세상을 위한 모임 대표를 맡고 있다.
지은 책으로는 『굴뚝새 한 마리가 GNP에 미치는 영향』(1999) 『파우스트의 선택―생명공학
의 위험성과 비윤리성』(2000) 『내일을 거세하는 생명공학』(2002) 『생태학자 박병상의 우리
동물 이야기』(2003) 『참여로 여는 생태공동체―어느 근본주의자의 환경 넘두리』(2003) 등
이 있다.

6

과학기술은 세계관과
윤리관념을 지배하는가

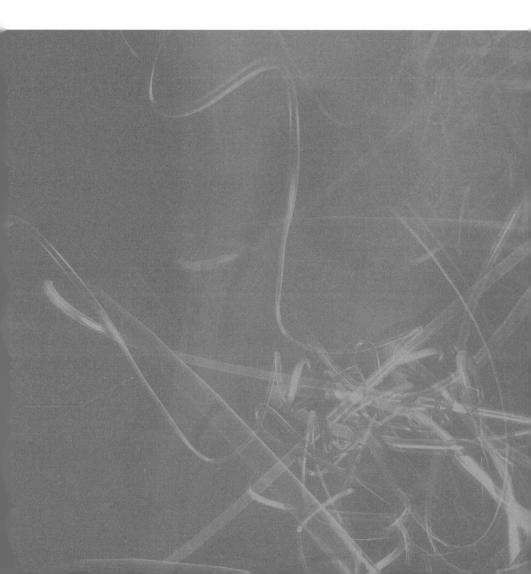

환원주의 과학의 시대는 막을 내렸다. 지구와 그 속에 살고 있는 생명체들을 착취하고 억압하고 혼란에 빠뜨리고 파괴하는 데 복무하는 나쁜 과학을 거부하자. 유전공학 저 너머의 지속가능한 즐거운 매리를 선택하자.

— 매완 호(Mae-Wan Ho)

1. 머리글

강의 중에 녹음기를 꺼내놓는 학생들이 생기고 있다. 필기하는 대신 칠판을 촬영하는 학생도 더러 있다. 최근에 들어서 생긴 일이다. 학기 초, 어쩌다 한두 명이더니 요즘은 제법 된다. 그래서 그리 어색하지 않다. 흔해지다 보니 머리를 이렇게 저렇게 염색한 학생들이 교정에서 눈에 띄지 않는 현상과 같을 것이다. 다만 아르바이트다, 취업준비다 해서 교수보다 바쁜 대학생들이 디지털로 기록한 내용을 들여다볼 시간이 있을까 염려될 따름이다. 성능 좋은 소형 녹음기와 카메라가 개인용 컴퓨터 이상 널리 보급되면서 나타난 현상이리라.

3년 전인가, 바람직한 생명윤리 관련법 제정을 촉구하는 시민단체 대표들이 김성호 당시 보건복지부 장관을 만나러 몰려갔을 때, 장관은 시민단체의 녹음 제의를 거부했다. 겉으로는 시민단체의 의견을 존중하겠다면서 시민단체들이 납득했던 법안을 밀실에서 후퇴시키는 보건복지부로 찾아가 그 수장의 약속을 음성기록으로 확보해두려는 의도였는데, '일국의 장관'의 약속을 믿어달라며 녹음을 거절한 김성호 보건복지부 장관은 결국 자신의 약속을 어겼다. 그때 어떤 방법으로든 녹음을 해두었더라면 보건복지부가 생명안전및윤리에관한법률을 그렇게 어처구니없이 후퇴시켜 제정할 수 없었을 텐데, 시민단체도 정부의 비윤리적 태도를 성토할 근거자료로 활용할 수 있었을 텐데, 두고두고 아쉬운 노릇이다.

하객보다 사진사가 더 많은 요즘의 결혼식 풍경은 우리나라의 디지털 카메라 보급 상황을 시각적으로 웅변하는데, 손전화에 부착된 카메라까지 합하면 가히 사진 홍수 시대에 살고 있다. 언제 어디에서 누구에게 어떤 모습이 촬영될지 아무도 모른다. 사진 찍히는 소리가 상대방에게 들리게 해야 한다는 규정이 있긴 있는 모양이지만 아직 의무조항이 아니란다. 어쩐지, 조용한 지하철에서 손을 쭉 내밀고 어깨 나란히 한 친구와 사진 찍는 젊은이들의 손전화는 아무 소리도 내지 않는다. 젊은이들은 그렇게 찍은 수많은 사진들을 다 보관하기는 하는 걸까. 혹시 사진을 지우는 순간 우정도 깨끗이 지워지는 건 아닐까.

편의적이며 감각적이기까지 한 과학기술들이 현란하게 개발 보급되면서, 과학기술을 거부하는 일은 개인의 의지만으로는 버거운 시대가 되었다. 이제 웬만한 서류엔 이동전화번호를 기록하게 되어 있다. 이메일로 보내야 하는 이력서의 사진은 컴퓨터는 물론 디지털 카메라의 사용을 거의 강요하다시피 한다. 손전화가 드물거나 없었던 시절, 전화를 받지 않으면 자리에 없으려니 했고, 그만큼 급한 일도 드물었다. 발신자 번호가 기록되는 전화기가 널리 보급되면서 통화를 더는 외면할 수 없게 구속되고 말았다. 호주머니 속에서 진동하는 전화기를 강의나 회의 중에 일단 외면한다 해도 나중에 내쪽에서 전화를 걸어야 한다. 발신자 번호가 찍혀 있는 걸 뻔히 알 텐데, 전화를 걸지 않으면 저쪽에서 불쾌해할 것 같다. 두툼한 자료가 순식간에 전화선으로 전달된다고 해서 시간에 여유가 생기는 것도 아니다. 양적 질적으로 늘어난 과제들에 치여 긴박하게 마감시간에 쫓기다 보니 도무지 쉴 틈이 없다.

과학기술은 전화와 이메일 보내기도 겁나는 세상으로 안내한다. 특정 상품을 몇 차례 주문하면 유통업체는 주문자의 취향을 단박에 알아차리고 신제품을 출시할 때마다 기록에 남은 연락처로 홍보성 전화나 광고 메일을 남발하기 일쑤다. 하지만 그 정도는 애교다. 편의를 앞세우는 과학기술은 시민들의 일거수일투족도 두루 감시한다. 1997년 시민사회를 뜨겁게 달구었던 전자주민카드를 돌이켜보자. 정부는 주민등록, 인감, 의료보험을 비롯하여 수많은 민원 업무를 카드 한 장으로 관장할 수 있는 편리한 도구라는 점을 유난스레 강조했지만, 시민단체는 시민감시 도구로 악용될 것을 우려하며 반대했다. 깨알만한 반도체를 부착시켜 소비자에게 채소 생산자와 생산과정에 대한 모든 정보를 공개한다는 일본 슈퍼마켓의 사례는 그러한 측면에서 볼 때 그리 달갑지만은 않다.

클릭 한 번으로 숱한 기록을 쉽게 딜리트시키고 복잡한 관계를 초기화하는 디지털 사회는 미련도 아쉬움도 불필요하다. 사람 사이의 신뢰를 지울 수 있는 데이터로 간단히 검증하는 과학기술 사회는 그리 따뜻해 보이지 않는다. 신뢰는 상호의존적이어야 한다. 일방적인 기록은 신뢰를 매개하지 못한다. 따라서 유통업체가 편의적으로 도입하는 반도체칩은 소비자와 생산자 사이의 신뢰를 검증할 수 없다. 과정이 축적돼 발생되는 신뢰는 그 자체로 중요한 가치를 발하므로. 그런데 과학기술이 신뢰까지 독점하려 든다. 소통이 일방적인 과학기술은 과정보다 결과를 매섭게 따진다.

정부는 사람의 디엔에이 칩 연구에 거액의 연구비를 지원하고 있다. 이른바 '맞춤의학'을 위한다는 명분으로. 어깨에 삽입하는 손톱만한 디엔에이 칩이 개개인이 가지고 있는 수만 개의 유전자를 탐색, 건강 상태에 맞는 개별 처방으로 적시 적량의 투약과 치료가 그때그때 가능하게 될 것으로 전망한다. 문득 조지 오웰(George Orwell)의 '빅브라더'가 떠오르는 것은 피해망상인 탓일까. 인슐린을 상비하는 후배는 식이요법을 무시한다. 과학기술이 개인의 건강을 보장하자 환자는 자신의 건강을 돌보지 않아도 무방한 시대가 도래하는 것인가.

눈뜨면 바뀌는 현란한 물질문명 시대의 과학기술은 우리에게 전통 세계관과 윤리관념을 폐기할 것을 종용한다. 기술을 이용하는 한, 강의실에서 필기하는 미개함을 던져버리라고 유혹한다. 기록에 남지 않는 약속은 언제든지 번복 가능하다고 속삭인다. 쉽게 만나 쉽게 헤어지고, 업무량은 폭주하며, 빅브라더는 감시의 눈을 번뜩일 수 있다. 다 과학기술 덕분이다. 온갖 편의를 약속하는 과학기술은 지불능력을 요구하고, 중앙집중을 추구하는 자본에 대개 종속돼 있다. 과학기술에 의존하는 개개인은 자기 일을 처리할 능력을 스스로 상실한다. 기억도 우정도 신뢰도 치료도. 세계관이나 윤리관념까지 과학기술이 통제한다. 사람의 생활환경을 과학기술이 지배하기 때문인데, 앞으로는 어떻게 될까. 우리의 주어진 삶은 언제까지 지속가능할까.

2. 과학기술에 이끌리는 세계관

1973년 노벨상을 받은 콘라드 로렌츠(Konrad Lorenz)는 거위의 행동을 관찰하곤 거위는 부화 후 처음 눈길을 마주친 움직이는 물체를 제 어미로 인식한다며, 이른바 '각인' 이론을 제창했다. 거위뿐이 아니다. 많은 철새들이 각인으로 어미를 인식하는 것으로 알려졌다. 사람도 어느 정도 마찬가지다. 학습으로 압도되기 전까지 각인이 개인의 세계관을 좌지우지할 게 틀림없다. 학자들은 자아가 성숙해지는 청소년기에 세계관이 형성된다고 고상하게 말한다. 한 권의 책이나 선생님의 한마디 말이 인생 항로를 결정하는 청소년 시절, '양심은 민족의 소금' 이라는 교훈을 가진 인천의 한 고등학교는 유난히 많은 민주투사를 낳았고, 수많은 정보과 형사를 먹여살렸다.

요즘은 텔레비전이 양산하는 기호가 젊은이의 세계관을 좌우하는 것 같다. 젊은이들의 의식화 학습을 막으려고 긴급조치를 남발하고 금서(禁書)를 양산했던 군사독재정권은 스포츠와 스크린과 섹스, 이른바 '3S 정책'을 우민정책 일환으로 동원, 젊은이들의 의식화를 희석하는 도구로 십분 활용했는데, 그때도 텔레비전이 그 중심역할을 맡았다. 우민정책 한 세대 만에 만개한 듯 보이는 오늘날의 영상문화는 수많은 기호와 우상을 등장시켜 소비에 대한 청소년들의 세계관을 마구 흔들어댄다. 인기 연예인이 걸치고 나오자마자 특정 의상과 장신구가 대학가를 휩쓰는 현상이 그 증거다.

사전은 세계관을 '세계 전체에 대한 통일적 이해'로 풀이하는데, 철학자들은 과학기술이 세계의 상(像)을 부여할 관(觀)에 도달하지 못하게 한다고 주장한다. 하지만 위기를 맞았다는 이공계가 오히려 부러울 정도로 처참하게 버림받은 철학과 인문사회는 과학기술이 펼쳐내는 무한한 실용주의를 결코 무시할 수 없을 것이다. 실용주의를 앞세우는 철학자들이 철학계를 주름잡는 이때, 과학기술이 국가 발전의 초석이라는 주장은 인문사회를 전공한 고위 관료가 당연하다는 듯 뱉어내는 말이지만, 깊은 사유는 없다. 열역학을 모르는 인문사회 전공의 고위 공직자가 칸트를 모르는 과학기술 전공자의 주장에 현혹되어, 세금으로 갹출한 국가연구비를 사회적 합의 없이 화끈하게 책정하는 시기가 아니던가.

이제 세상은 가벼워졌다. 영상문화에 길든 세대는 두껍거나 진지한 책은 거의 읽지 않는다. 왕년의 인기가수 정미조가 부른 가요의 한 구절이기도 한 '기다리는 기쁨'을, 손전화를 손에 달고 사는 젊은이들은 전혀 이해하지 못한다. 이미 저장되어 있는 번호를 눌러 약속 시간과 장소를 수시로 확인할 수 있는데 무슨 청승인지 몰라 한다. 요즘 학생들은 주어진 과제물을 드래그와 클릭으로 간단히 해결하고, 벤처기업 양성소를 자처하는 대학은 곰팡이 피는 상아탑을 몰라라 한다. 참을 수 없이 가벼운 세상에 구속돼 살아가야 하는 우리네 세계에 과학기술은 그렇게 깊숙이 자리잡았다.

잠은 언제 자야 하나. 졸릴 때 자고 싶지만 그럴 수 없다. 마감시간 전에 이메일로 과제들을 보내야 비로소 단잠을 청할 수 있다. 밥도 배고플 때 먹지 못한다. 배꼽시계와 관계없이 오전 11시 30분이 되어야 구내식당은 문을 연다. 스탠리 코렌(Stanley Coren)은 전기는 잠 도둑이라고 말한다. 주변이 어두워져야 송과선에서 멜라토닌을 분비해 잠이 온다. 운전할 때 짙은 색안경을 쓰면 졸린 이유가 그 때문이다. 전등을 밝혀두면 잠이 오지 않는다. 송과선에서 세로토닌을 분비하게 해 피곤한 몸을 쉬지 못하게 방해하는 것이다. 50세에 철학 교수를 그만둔 초보 농군 윤구병이 "할머니, 콩은 언제 심어요?"라고 물었다. 달력을 보고 일러주시려니 했는데 할머니는 "으응, 올콩은 감꽃 필 때 심고, 메주콩은 감꽃이 질 때 심는 거여!" 하신다.

삼라만상에는 이렇듯 이치가 있거늘, 외국계 종묘회사에서 대부분의 종자를 구입해야 하는 오늘날, 자연의 이치는 의미를 잃었다. 영농회사와 밭떼기 장사치가 요구하는 대로 파종하고 농약을 뿌려야 손해입지 않는다.

세계관은 공급자의 의지에 따라 바뀌기도 한다. 과학기술이 공급자, 즉 중앙집중을 노리는 자본에 충성하기 때문이다. 자본에 의해 행동방식까지 규격화된 사회를 조지 리처(George Ritzer)는 '맥도날드화'라고 규정한다. 광고에 속아 결코 저렴하지 않은 음식을 제 돈 내고 먹으면서 불편을 감수해야 한다. 문을 열고 들어가서 눈치 보며 불편한 자리에 앉아 스스로 일회용쓰레기를 치우고 나갈 때까지, 맥도날드는 손님들의 동선을 과학적으로 계산해놓았다. 줄서서 돈 내고 음식 받아먹고 치워야 하는 손님들은 싹싹한 인사를 받지만 전 세계 어디나 똑같다. 아르바이트 종업원은 손님의 얼굴을 결코 기억하지 않을 것이며 정해진 순서에 따라 감자를 튀기고 출처도 모르는 고기를 구워 빵에 끼우고 종이에 싸서 똑같은 미소를 띠며 내놓을 따름이다.

노래방이 생긴 이후 18번이 사라졌다. 수첩에 꼼꼼히 적어 가사를 외울 성의가 불필요해졌다. 하지만 노래방 기계 없으면 한 곡도 자신 있게 부르지 못한다. 『야생초 편지』의 저자 황대권 선생은 미국에서 겪은 일화를 재미있게 소개한다. 전기가 나가자 못 하나만 박으면 끝낼 작업을 손 놓고 마냥 기다리더라는 것이다. 대신 해보겠다며 망치를 손에 들어 못을 박자 미국인 친구는 눈이 휘둥그레졌다는데, 연필깎이 없으면 뭉뚝한 연필을 필통에 가득 넣고 다니는 우리 아이들도 마찬가지다. 된장, 간장, 고추장 담글 줄 모르는 새댁뿐이 아니다. 아파트 생활에 이골이 난 주부들도 그렇지만 상당수의 글쟁이들도 마찬가지다. 컴퓨터 앞에 앉아 있지 않으면 한 줄의 글도 구상하지 못한다. 공급자의 의도에 길들여진 결과, 과학기술의 도움 없이 자신 있게 할 수 있는 일이 몹시 드물어진다.

수돗물 공급이 며칠 동안 중단된 아파트를 생각해보자. 예고했다면 번거롭더라도 미리 물을 받아둘 수 있지만 오래가지 못한다. 예고가 없었다면? 번듯했던 집안 꼴은 하루를 넘기지 못할 것이다. 음식은 주문해 먹고 냄새 고약한 화장실 문 꼭 닫고 동네 목욕탕을 이용하며 얼마간 참아낼 수 있겠지만, 며칠 지속되면 가까운 친지 집을 찾아 도망가지 않을 수 없을 것이다. 냉장고와 에어컨에 길든 요즘, 전기도 마찬가지다. 전화 통화야 이용료 비싼 손전화로 대신할 수 있지만 인터넷은 어렵다. 가까운 피씨방을 전전해야 할지도 모른다. 자신도 모르게 중앙집중 체제에 종속된 이후에 발생한 결과다.

한 학기 강의를 마칠 무렵 학생들에게 물었다. "전기 없이 살 수 있겠지요?" "네!"라는 합창을 기대했건만 실실 웃기만 하는 학생들. 한 학생이 조그맣게 "아니요!" 한다. "왜?" "헤어드라이어를 써야 하거든요!" 하긴, 곱게 기른 머리를 간수하려면 샴푸도, 린스도, 헤어드라이어 이상 필요하겠지. "가끔 남자친구 만날 때만 쓰면 어떨까?" 제안하자 피식 웃는다. 우문현답이다. 일찍이 이반 일리치 (Ivan Illich)가 지적한 바 있지만, 우리는 자동차 없이 이동하지 못하고, 병원 없이 병을 치료하지 못하며, 학교 없이 배우지 못한다고 믿는다. 과학기술에 의탁하면서 스스로 취약해지고 말았다.[*]

이 와중에도 우리는 과학기술에 대해 여전히 긍정적인 시선을 보낸다. 과학자들을 무던하게 바라본다. 어려서부터 그렇게 각인된 까닭이다. 과학기술에서 여성이 소외되어왔다는 페미니스트의 주장은 여기에서 논외로 하자. 과학기술은 가치중립적인가. 과학기술을 옹호하는 사람 중에 의외로 여성과학자가 많다. 생명공학이 특히 그렇다. 여성의 몸을 착취해야 하는 배아복제 연구 분야가 그렇고 유전자조작 분야도 마찬가지다. 유전자조작 식품의 안정성을 강조하는 과학자는 미국계 다국적 기업인 몬산토(Monsanto)나 우리의 식품의약품안전청이나 대개 여성들이 앞장선다. 아니 앞세워진다. 왜 그럴까. 과학은 가치중립적이라 그럴까. 속내 나는 남성주의 과학기술이라고 읽는다면 지나친 비약일까.

3. 과학기술에 좌우되는 윤리

사전은 윤리를 '사회적 관계에서 사람이 지켜야 할 도리'로 풀

---

[*] 최근 '미토' 출판사에서 절판된 이반 일리치 저서들을 잇달아 선보이고 있다. 과학기술에 의존하면서 스스로 해결할 수 있는 능력을 잃은 사람의 문제를 근본 취지에서 논의한다. 『행복은 자전거를 타고 온다』는 자동차 없이 이동할 수 없는 것으로 생각하는 문제를, 『학교 없는 사회』는 학교가 아니면 배울 수 없다고 생각하는 문제를, 『병원이 병을 만든다』는 오직 병원만이 자신의 병을 치료할 수 있다고 믿는 문제를 지적하며, 자신의 몸과 마음을 과학기술에 구속하면서 무능력해진 사람들의 현실을 안타까워한다. 미토 출판사는 독일 발음으로 저자를 이반 일리히로 적었으나 이 글은 이반 일리치로 했다. 본인이 이반 일리치로 불러주길 희망했다는 이야기를 지인으로부터 들었기 때문이다.

이하는데, 과학기술이 지배하는 사회에서 윤리는 어떻게 작동해야 할까. 사회적으로 광범위하게 채택하는 과학기술의 추이에 따라 윤리관념도 변해야 할까. 널리 채택된 과학기술은 대부분 사회적인 필요에 의한 것일까. 자본이 기획한 광고에 시민들이 현혹된 결과는 아닐까. 윤리 전공자가 주도적으로 참여하지 않고 개발한 과학기술이라면 요란한 광고와 관계없이 윤리적이라고 쉽게 받아들이기는 어렵다. 과학기술의 윤리는 윤리를 모르는 자본과 과학기술의 판단으로 함부로 규정될 수 없다. 윤리를 전공한 전문가는 물론, 소비자들이 구속력 있게 포함되어 투명한 절차를 거쳐 민주적으로 판단해야 한다. 과학기술의 이익은 상당부분 자본이 챙기지만 그로 인한 피해는 최종 소비자의 몫인 경우가 다반사이기 때문이다.

기존 사회 질서와 다른 문제가 발생하거나 발생할 가능성이 있을 때, 새로운 환경에 따르는 윤리적 판단이 필요할 경우가 있을 것이다. 예를 들어, 칼로 음식을 잘라 먹는 습관이 있는 서양은 음식을 썰 때를 제외하고는 오른손에 칼을 들지 않아야 한다고 가르친다. 밥 먹다 말고 칼부림하는 사례가 많았던 모양이다. 요즘은 부쩍 보기 어렵지만 몇 년 전, 문방구 앞에 가재나 햄스터 뽑기와 같은 오락기가 설치된 적이 있다. 500원짜리 동전을 넣고 기계손으로 동물을 잡아 올리는 게임기는 동물보호단체가 동물의 생명권 보호 차원에서 문제를 제기한 이후 대부분 철거되었다. 하지만 구슬을 내려받는 뽑기는 여전하다. 구슬을 열고 햄스터라고 씌어진 종이를 꺼내 보이면 문방구 주인이 햄스터 한 마리를 내어준다.

한 아이가 죽은 햄스터를 제 앞에 놓고 쭈그리고 앉아 침울해 하는 모습을 보고 "참 안됐구나. 화단에 파묻어줄까?" 하고 물었더니, "괜찮아요. 500원인 걸요." 하더라고 어떤 가정주부가 한탄한다. 저녁 무렵, 장난감 총으로 무장한 서너 명의 초등학생들이 우르르 몰려다니며 비비탄을 쏘아대는데, 표적은 동네 고양이였다. 기겁을 한 어른의 야단으로 아이들은 멋쩍게 돌아섰지만, 아이들의 머릿속에 만연된 생명경시 풍조는 햄스터 뽑기를 조장하는 사회에서 쉽게 가라앉지 않을 것이다. 감별사의 손에 의해 커다란 비닐 봉투 속으로 처박힐 운명이던 산란용 수컷 병아리를 아파트 옥상에서 날리는 아이들을 먼저 탓할 수는 없다. 수컷 병아리를 상자에 담아와 하굣길 길목을 가로막는 허름한 장사치보다 산란용 닭을 공장식으로 대량 사육하는 상업주의에 근본 문제를 제기해야 옳다.

과학기술이 세계관을 이끌어가는 세태에는 어떤 제도가 어울릴까. 윤리의 사회적 구현을 위한 제도가 법률이라면 법률도 사회적 합의 절차를 합리적으로 수용하여 정비해야 옳을 것인데 사회적 합의는 어떻게 만들어가야 할까. 인구가 많은 현대 사회에서 모든 구성원이 각자 의견을 내어 토론할 수는 없을 터, 시민들이 선출한 대표가 의회에 나가 시민들의 의견을 대신하는 대의제도는 나름대로 의미가 있겠다. 하지만 사회적 윤리보다 개인의 이해득실을 먼저 따지는 대의원들은 주어진 역할에 소홀하다. 이럴 때, 시민단체로 모인 시민들이 직접 의견을 개진할 수 있어야 한다. 시민사회에서 논란이 지속되는 법률을 정비할 경우 특히 그렇다. 사회적 소수인 어린이나 여성, 그리고 장애인들의 편의 시설들을 의무화하는 법률이 그 좋은 예가 될 것이다. 생태계나 환경보전을 위한 법률은 자식 키우는 시민들의 참여하에 후손의 처지에서 고려되어야 바람 직하게 정비될 것이다.

자동차 운행 편의로 제정된 교통관련 법규들이 보행자를 충분히 고려하지 못하듯, 수많은 과학기술 관련 법률이 소비자의 권익을 제대로 고려하지 못한다. 생명공학육성법이 그렇다. 개발과 육성에 치우쳐 있다. 과학기술계의 요구를 거의 일방적으로 반영하는 정부가 법안을 발의하고, 별 생각 없는 국회의원들이 통과시켜 법률을 도출하기 때문일 것이다. 2003년 12월 말 국회를 통과한 생명윤리및안전에관한법률이 생명공학의 윤리와 안전을 부분적으로 모색하고 있지만 과학기술자의 개발의지를 위한 독소조항을 곳곳에 포함하고 있다. 생명윤리및안전에관한법률뿐이 아닐 것이다. 식품안전이나 모자보건이나 생태계 보전을 위한 법률들 역시 자본을 배려하는 조항이 눈물겹게 삽입돼 본래 목적을 상실한 경우가 오히려 일반적이다. 이익집단들이 윤리를 자의적으로 해석한 결과일 것이다.

예로부터 농산물과 농산물을 가공한 식품은 사고파는 물건이라기보다 함께 나누는 생명산업이었다. 그때 음식 쓰레기라는 말은 거의 들리지 않았다. 과학기술에 이끌려 농업과 식품산업이 등장한 이후, 더 많은 돈벌이를 위해 농업도 식품산업도 포드주의에 오염되고 말았다. 적은 수의 품종을 대량생산하기 위해 컨베이어벨트에 생명산업까지 올려놓은 것이다. 녹색혁명이라는 포드주의는 식품 산업을 중흥시켰고, 식품산업은 막대한 양의 음식 쓰레기를 양산하고 있다. 과일 음료수를 만드는 과정에서 배출하는 쓰레기는 사료나 퇴비로도 활용되지 못한다. 추가 비용은 식품회사의 경쟁력을 약화시키기 때문이다. 포드주의에 중독된 대형 목장은 유전자를 조작한 과립형 수입사료가 비용편익에 최선이고, 농장은 석유로 만든 화학비료가 제격이다. 단일 품종을 대량으로 심어 해충과 잡초가 들끓어도 준비된 농약과 제초제를 살포하는 것으로 해결한다. 그리고 밭떼기로 나 몰라라 판다.

칼로리로 따져볼 때 결코 모자라지 않는 식량을 땅을 오염시키며 증산시킨 녹색혁명은 지금 서서히 퇴조하고 있지만 농업과 식량산업의 포드주의는 관성을 줄이지 못하고 있다. 돈 때문이다. 군산 앞바다 250킬로미터 지점의 공해상에 투기하는 쓰레기는 수도권 분뇨만이 아니다. 식품공장에서 배출되는 음식 쓰레기가 훨씬 많다. 가공과정에서 배출되는 쓰레기도 문제지만, 유통과정에서 변성된 쓰레기, 변성되지 않았지만 유통기간이 지난 쓰레기, 허용되지 않았거나 허용되었더라도 기준치를 초과한 식품첨가물을 사용하다 당국에 발각된 음식물들이 시장에 나오기도 전에 전량 해양 투기된다. 투기된 식품은 해양오염을 부추기지만, 단속에 걸리지 않아 버젓이 팔리는 가공식품들은 불특정다수에게 아토피성 질환을 확산시킨다. 우량 만두업체의 젊은 사장을 한강에 투신하게 만든 만두 파동은 겉으로 드러난 작은 사례에 불과할 것이다.

4. 생명윤리는 과학기술에 굴종해야 하나

제레미 리프킨(Jeremy Rifkin)은, 『바이오테크 시대』에서 생명공학은 '생명에 말뚝을 박은 인클로저 운동'이라고 주장한다. 자연에 말뚝을 박아 이익을 챙기던 자본이 착취할 자원이 줄어들자 사회적 약자, 후손, 그리고 생태계의 생명들에 말뚝을 박으려 한다고 지적한다. 타 분야에 비해 최근에 대두된 생명공학이라는 과학기술은 우리 사회에 새로운 윤리관념을 주문한다. 구태의연한 윤리관념으로 생명공학의 발목을 잡지 말라고 언론자본과 자본언론을 통해 호통을 친다. 자본을 위해 생명이 재료가 되어야 하는 시대에 발맞춰 세계관과 윤리관념을 새롭게 조명하자는 요구이다.

생명공학자들은 유전자조작이 인류복지를 위한다고 주장한다. 그들은 특별히 인류복지를 공부하지 않았다. 식량 증산이 인구가 넘쳐나는 가난한 지역에 도움이 되리라는 막연한 생각에 그 근거를 둔다. 하지만 어떨까. 녹색혁명은 인구가 늘어나는 가난한 지역에 식량을 제공하지 않았다. 돈을 벌어들이는 게 목적인 자본이 녹색혁명을 주도했기 때문이다. 자본이 주도해온 유전자조작이 식량증산을 염두에 둔 적이 한 차례라도 있었던가. 반다나 시바(Vandana Shiva)가 『누가 세계를 약탈하는가』에서 주장했듯, 자신들의 이익 추구에 앞장섰을 뿐이다.

2002년 5월 이스라엘 과학자들은 깃털 없는 닭을 개발했다. "닭 모가지를 비틀어도 새벽이 온다!"던 이 땅의 민주화 투사를 위해

2002년 5월 이스라엘 과학자들이 개발한 깃털 없는 닭(동아일보, 2002년 5월 22일자 기사 참조)

개발했을 리 만무하고, 사위 오면 닭 잡아주는 대한민국의 장모들을 위한 수출용으로 개발하지도 않았을 터. 깃털이 없는 만큼 성장이 빠르고 도축도 쉬운 장점은 닭을 포드주의로 튀겨내는 자본을 위한 눈물겨운 배려일 따름이다.

파란색 장미는 인류복지를 위함인가. 사전적 의미로 '파란장미'는 '불가능한 일'을 뜻한다지만 생명공학자에게는 대단한 돈벌이로 도전할 대상인 모양이다. 파란색 카네이션을 유전자조작으로 개발해 비싸게 파는 마당이 아닌가. 하지만 분명한 사실은 파란색 장미로 인류복지가 이루어지지 않는다는 점이다. 개 유전자를 넣어 날개가 다리로 바뀐 닭은 개처럼 뛰어다닐지, 어색하게 뛰다 개에게 물려죽을지 모르지만, 성공한다고 해도 역시 인류복지는 아니다. 다리가 4개이므로 아이들이 식탁 앞에서 닭다리 놓고 싸우는 일은 줄어들지 몰라도, 조작된 유전자가 38억 년 동안 안정된 자연 생태계를 단번에 오염시킬 가능성이 있는 까닭이다.

독점으로 생산 판매하는 자사 제초제에 저항성을 갖도록 유전자를 조작한 종자들은 몬산토와 같은 미국계 다국적기업의 이익을 배려한 것이다. 사람의 백혈구 증식인자를 젖으로 분비하는 흑염소 '메디', 모유의 성분인 락토페린을 함유하는 우유를 생산하는 젖소 '보람이', 2004년에 발표된 혈전증 치료용 단백질을 젖과 오줌으로 내놓는 이른바 '3억 원짜리 돼지' 들은 생명공학자의 용어로 '형질전환' 즉, 유전자가 조작되었다. 그 동물들은 인류복지를 지향하는가. 개발에 참여한 당시 생명공학자들이 장담했던 바와 다르게 메디는 실용화에 이르지 못한 채 죽었고, 보람이도 전혀 상업성이 없다. 3억 원짜리 돼지는 약속을 지킬 수 있을까. 거액의 연구비를 받은 생명공학자는 실패를 감추기 위해서라도 후속연구를 위한 추가 연구비를 재촉할 것인데, 호언한 바를 여태 증명하지 못하는 생명공학은 언제까지 침소봉대로 일관할 것인가. 밑 빠진 독에 물 퍼붓듯, 세금으로 마련된 국가 연구비를 기약 없이 들이붓고 또 들이부어야 하는 생명공학은 실증되지 않은 부가가치를 볼모로 내세우는 연구자들의 포드주의 '연구산업' 이라고 혹평해도 변명하기 어려울 것 같다.

이반 일리치는 사람의 평균 수명 증가는 개인위생과 영양개선으로 영아사망률을 낮출 수 있었기 때문이지 늘어난 병원과 관계

없다고 주장한다. 자기 치유 능력을 빼앗아버린 의학은 약간의 영아를 살려내고 노인의 수명을 조금 연장할 뿐이라고 강조한다. 우리나라의 평균수명은 점차 세계 최장인 일본과 비슷해질 것으로 전망하는데, 우리나라 영아 사망률은 과연 낮은 것인가. 태어나는 아이에 비해 두 배 정도 행해지는 낙태를 제외한다면 아마 그럴 것이나 낙태를 포함시킨다면 우리의 평균 수명은 형편없을 것이다. 잘 알다시피 통계는 거짓말쟁이다. 생명의 시점을 조작하면 평균수명은 얼마든지 늘이고 줄일 수 있다.

어떤 원로 철학자는 "우리나라에 생명윤리는 없다!"고 단정한다. 노인을 보고 자리 양보하는 젊은이가 사라진 세태에 존댓말은 버릇일 뿐이라고 주장하는 그는 함부로 행해지는 낙태와, 세계에서 그 유례를 찾을 수 없을 정도로 만연하는 제왕절개, 그리고 형편없이 낮은 모유 수유율을 그 예로 든다. 인구밀도 당 가장 많은 불임 클리닉을 보유하고 있는 나라답게 성행되는 체외인공수정시술도 세계 최대임을 지적한다. 불과 한 세대 전까지 상상할 수 없었던 일이다. 그 철학자는 이 모든 것이 생명윤리에 대한 시민의식이 천박하기 때문이라고 주장한다.

자본이 생식보조 기술을 도입했기 때문이다. 값싼 여성 노동력을 착취하려는 군사독재정권은 분유회사가 후원하는 우량아선발대회를 개최하여 모유 수유율을 최소화하는 데 기여했고, 꼭 필요한 경우로 제한해야 할 제왕절개는 의료수가 차이에 힘입어 성행되었으며, 산아제한 정책과 맞물려 단속기관이 낙태를 눈감아주었다.

모유가 충분하지 않은 산모를 위해, 자연출산을 감당하기 어려운 산모의 생명을 위해, 근친상간이나 성폭행으로 잉태된 불행한 아이라거나 태아가 산모의 건강을 위협한다는 구실을 내세워, 분유수유와 제왕절개와 낙태를 자행했고, 기술을 도입한 자본을 살찌웠다.

기술개발 당시 빗발쳤던 서구사회의 논란은 시민들의 윤리의식을 높여주었고, 시민이 포함된 전문가 사이의 적극적인 논쟁은 시술 전에 윤리적인 지침을 지키도록 이끌어, 발생할 수 있는 생명윤리적 문제를 최소화할 수 있었다. 하지만 우리는 달랐다. 명분을 거룩하게 앞세우며 기술부터 도입한 자본은 덕분에 부를 축적했던 것이다.

많은 사람들은 배아복제와 개체복제 사이에 언뜻 기술적으로 큰 차이가 있을 것으로 생각하지만 그렇지 않다. 체세포 핵이식 방식으로 복제한 배아를 자궁에 착상시키면 개체복제요, 그렇지 않으면 배아복제인 까닭이다. 배아복제에 어렵사리 성공한 과학기술자에게 착상은 쉬울 것이다. 비밀을 유지할 만큼 충직한 대리모들을 동원하기가 어렵긴 하겠지만 시간과 돈이 충분하다면 은밀한 착상시도는 얼마든지 가능하리라고 판단된다. 경우에 따라 폐기해야 할 수많은 기형아들을 뒤로하고 어엿한 복제아기를 안을 수 있으리라.

환자의 체세포 핵으로 치환하는 배아복제는 불치병, 난치병을 거부반응 없이 완벽하게 치료해줄 것처럼 호도하고 있지만, 아직 그 실현여부가 매우 불투명한 이론적 희망사항에 불과하다. 질병이 있는 몸에서 추출한 체세포 핵은 질병 소양을 이미 가지고 있을지 모른다. 따라서 체세포 핵을 건강한 유전자로 조작해야 하는데, 직접 몸에 들어가는 까닭에 유전자조작의 위험성은 유전자조작 식품 이상이 될 것이다. 또한 배아복제로 유도한 줄기세포는 안정성이 없다. 어렵게 특정 세포조직으로 분화시킨 뒤에도 주위 환경에 따라 암세포로 전이될 가능성을 배제할 수 없기 때문에, 절대 임상에 적용할 수 없다. 줄기세포는 연구단계에 불과하다. 임상에 적용하려면 극복해야 할 난제가 수두룩할 것이다.

줄기세포는 체세포 핵이식을 통한 복제배아만으로 유도할 수 있는 것이 아니다. 성체의 몸에서도 가능하고, 불임클리닉에 5년 이상 냉동 보관돼 폐기될 운명에 있는 잔여배아로도 복제배아 이상으로 유도할 수 있다. 아직까지 연구단계인 줄기세포 연구를 위해 배아를 일부러 복제한 후 희생시키는 행위는 윤리적일 수 없다. 하지만 현실은 호도되고 있다. 교통사고로 척수에 이상이 생긴 유명 가수를 동원하는 생명공학자의 정치적 행위와 언론의 선정적 보도에 힘입어 당장 치료될 수 있을 것처럼 위험스럽게 과장되고 있다. 윤리가 과학기술의 발목을 잡는다고 거품을 무는 생명공학자들은 과학기술의 발전에 따라 윤리도 변화해야 한다고 주장하는데, 38억 년 면면히 이어온 생물종 사이에 격리되어온 유전자를 인위적으로 조작해 뒤섞고, 자연스런 생식과정에 개입하여 숭고한 목적으로 위장한 부가가치를 위해 배아단계의 생명을 함부로 희생시키는 생명공학을 발전이라 규정할 수 있을까. 인문사회의 지식이나 충분한 윤리적 고민 없이, 생명공학자들은 발전과 윤리를 자의적으로 해석한다.

최근 정부는 효율적인 미아찾기를 위해 디엔에이 데이터베이스를 구축하겠다고 발표했다. 전국 복지시설에 수용된 미아의 디엔에이를 분석한 자료를 축적하고 미아찾기에 나선 부모의 디엔에이와 비교해 자료가 일치하면 인계하겠다는 취지인데, 의외로 미아찾기에 앞장서온 시민단체들이 반대하고 나선다. 왜 그럴까. 과학적 미아찾기를 반대하기보다 경찰과 같은 권력기관에서 주도적으로 데이터베이스를 구축하는 데에 문제를 제기하는 것이다. 완벽한 인터넷 연결망을 구비하고도 미아찾기가 어려운 현실은 디엔에이 데이터베이스가 없기 때문이 아니다. 수용인원이 많아야 지원도 늘어나는 사설 복지시설에서 좀처럼 완벽한 자료를 공개하지 않으려 하기 때문이라고 시민단체는 주장한다. 이런 분위기에서 디엔에이 데이터베이스 구축은 미아찾기에 얼마나 기여할까. 시민단체들은 미아들을 잠재적 범죄자로 보거나 그들의 유전자를 조사하여 범죄형 유전자 조합을 확보하려는 경찰의 의도라고 의혹의 눈초리를 거두지 않는데, 과민반응일까. 지금도 정부는 디엔에이 칩 연구에 거액을 지원하고 있는 형편이다.

5. 맺음글

젊어서부터 당뇨병을 가지고 있는 사내가 인슐린을 지니고 술 담배를 전혀 조심하지 않는 요즘, 이제 아이를 낳지 않는 부부는 대를 이으려는 집안에 막대한 불효를 저지르는 시대가 되었다. 생식 보조기술은 쥐를 이용하여 정자와 난자를 대신 만들고 바쁘면 대리모를 소개해주기 때문이다. 남녀노소를 가리지 않고 아이를 안을 수 있게 생명을 조작, 생산하는 시대에 원한다면 동성애 부부도 자신들의 아이를 안을 수 있다. 다만 돈이 문제다. 생명공학 시대에 질병은 대단히 억울한 일이 될지 모른다.

산업사회의 오염된 환경에서 질병의 원인은 차고 넘친다. 오염된 환경은 그대로 두고, 배아복제와 유전자조작으로 누구의 불치병과 난치병을 먼저 치료하겠다는 것일까. 몸에 삽입한 디엔에이칩은 맞춤의학을 약속하지만 감시기제로 작용할 수 있고, 돈이 없으면 그나마 혜택에서 소외될 것이다. 이래저래 계층별 위화감은 심화될지 모른다.

언젠가 맥도날드의 치킨에서 닭대가리가 나왔다. 깜짝 놀란 소비자는 소송을 걸어 10만 달러의 보상금을 받았다는데, 맥도날드사는 갑자기 호황을 맞았다고 한다. 10만 달러에 눈이 먼 소비자들이 너도나도 맥도날드 치킨을 사먹었기 때문이란다. 과학기술이 최소한의 공간과 시간에서 최대한의 이익을 창출하기 위한 축산방법을 고안해내자, 닭은 소나 돼지와 마찬가지로 고기와 알 생산기계로 변모했다. 과학기술이 권고하는 공장식 축산은 포드주의 도축을 감행해 가축들은 공포에 휩싸인다.

공포에 질려 죽은 가축의 고기를 먹으면 사람의 정서도 불안정해진다고 채식주의자들은 주장한다. 하지만 대형식품매장에 전시 판매되는 육식재료는 전혀 가축을 연상시키지 않는다. 사육과 도축 환경은 전혀 짐작할 수가 없다. 그저 날개나 닭다리고, 갈빗살이거나 국거리이거나 불고기용이고, 목살이나 삼겹살이고, 계란이나 우유일 뿐이다. 성장호르몬이나 성호르몬, 항생제가 포함되었는지 여부보다 살코기 사이에 지방이 물결치는지 분무돼 있는지가 더 중요한 구매 포인트가 되었다. 그러자 도축되기 전까지 가축들은 꼼짝도 못한 채 유전자조작 사료만 축낸다.

생활을 편리하게 해줄 뿐 아니라 같은 마음을 가진 사람들을 가상으로 연대하게 해주는 컴퓨터와 인터넷 환경은 스팸메일이나 음란사이트 무단 연결처럼 적지 않은 부작용을 사회에 노출시키지만 감당할 수밖에 없다. 오염되는 물과 공기, 쌓이는 폐기물, 그리고 파괴되는 생태계로 인해 기상이변이 속출하고 불치병과 난치병이 늘어나지만 속수무책이다. 우리는 이미 과학기술이 주는 편의에 구속되었고, 근본 고민보다 말초적 이익에 관심을 쏟는 과학기술은 자본과 패권에 종속되었기 때문이다. 생명공학이 그 첨병이다. 사회적 약자를 생각하는 과학기술, 후손의 건강한 생명을 생각하는 과학기술, 생태계의 안위를 생각하는 과학기술은 연구비 혜택에서 멀다. 패권도 돈도 보장하지 않기 때문이다.

사회적 관계에서 지켜야 할 도리인 윤리는 한마디로 '배려'라고 이해할 수 있겠다. 과학기술의 발목을 잡지 말고 과학기술의 발전에 따라 윤리도 변해야 한다고 주장하지만 윤리는 과학기술의 동반자이기보다 기반이다. 과학기술을 적극적으로 옹호하는 실용주의 윤리라 하더라도 윤리의 테두리 안에서 과학기술을 연구하고 개발할 것을 권고한다. 문제는 두 문화의 엇박자다. 과학기술을 모르는 인문사회 전공자가 인문사회를 모르는 과학기술자가 내세우는 청사진에 매혹돼 과학기술 관련 정책을 충분한 고민 없이 결정하고 있는 실태다. 칸트의 명제를 빌린 울리히 벡(Ulich Beck)은 '위험사회론'을 통해 "사회적 합리성 없는 과학적 합리성은 공허하고, 과학적 합리성 없는 사회적 합리성은 맹목적"이라고 주장한다. 체르노빌 핵발전소의 참사는 과학기술적 결함이라기보다 자만이 부른 맹신 때문이었다. 전공자의 침소봉대에 따라 움직이는 생명공학의 내일은 안심할 수 있을까. 생명공학으로 재활용되는 후손의 생명은 내내 존중될 수 있을까. 매완 호(Mae-Wan Ho)는 생명공학을 '나쁜 과학'으로 규정하는데.

인문사회가 천박해질수록 사람들의 세계관과 윤리관념 속으로 과학기술이 천박하게 침투하고, 그럴수록 위험사회는 가까워진다. 위험사회는 인문사회가 제 역할을 다할 수 있을 때 비로소 극복할 수 있다. 그러자면 과학기술 전공자들이 인문사회를 공부하고 인문사회 전공자들이 과학기술을 알아야 한다. 일찍이 스노우 경(C. P. Snow)이 지적했듯, 두 문화가 소통되어야 한다. 과학적 성찰 없는 인문사회는 과학기술이 주도하는 작금의 실용주의 분위기에서 고리타분하다고 배척받지만 위험하지는 않다. 인문과 사회적 성찰 없는 과학기술은 위험하고 과학기술의 규모가 클수록 그 범위는 확장된다. 시간과 공간과 계층을 뛰어넘을 수 있다. 과학기술이 우리의 세계관과 윤리관념까지 지배해가는 이때, 돈을 못 벌어 소외되고 있다고 천지사방에 푸념하고 있는 과학기술과 달리, 더는 배척받지 않는 성찰적 인문사회를 위해 인문사회인들이 힘겹게 제 역할을 다해주길 바라는 마음이다.

| 참고문헌 |

- 김병익, 『무서운, 멋진 신세계』, 문학과지성사, 1999
- 매완 호, 『나쁜 과학』, 당대, 2005
- 박병상, 『내일을 거세하는 생명공학』, 책세상, 2002
- 박병상, 『참여로 여는 생태공동체』, 아르케, 2003
- 박병상, 『파우스트의 선택』, 녹색평론사, 2004
- 반다나 시바, 『누가 세계를 약탈하는가』, 울력, 2003
- 스탠리 코렌, 『잠 도둑들』, 황금가지, 1997
- 우석훈, 『아픈 아이들의 세대』, 뿌리와이파리, 2005
- 울리히 백, 『위험사회, 새로운 근대성을 향하여』, 새물결, 1997
- 윤구병, 『잡초는 없다』, 보리, 1998
- 이충웅, 『과학은 열광이 아니라 성찰을 필요로 한다』, 이제이비, 2005
- 조지 리처, 『맥도날드 그리고 맥도날드화』, 시유시, 2004
- 제레미 리프킨, 『바이오테크 시대』, 민음사, 1999
- 찰스 P. 스노우, 『두 문화』, 민음사, 1996

송성수

서울대학교 무기재료공학과를 졸업한 후 같은 대학원 과학사 및 과학철학 협동과정에서
석사학위와 박사학위를 받았다. 현재 과학기술정책연구원(STEPI) 부연구위원으로 재직 중
이며, 과학기술과 인문사회를 잇는 연구와 저술을 하고 있다.
지은 책으로는 『우리에게 기술이란 무엇인가』(편저, 1995), 『과학기술은 사회적으로 어떻게
구성되는가』(편저, 1999) 『청소년을 위한 과학자 이야기』(2002) 『나는 과학자의 길을 갈 테
야』(공저, 2003) 『소리 없이 세상을 움직인다, 철강』(2004) 『과학, 우리 시대의 교양』(공저,
2004) 『기술의 프로메테우스』(2005) 등이 있다.

7

과학기술문명의 좌표를 찾아서

_ '통합'의 관점에서 본 21세기 과학기술 패러다임

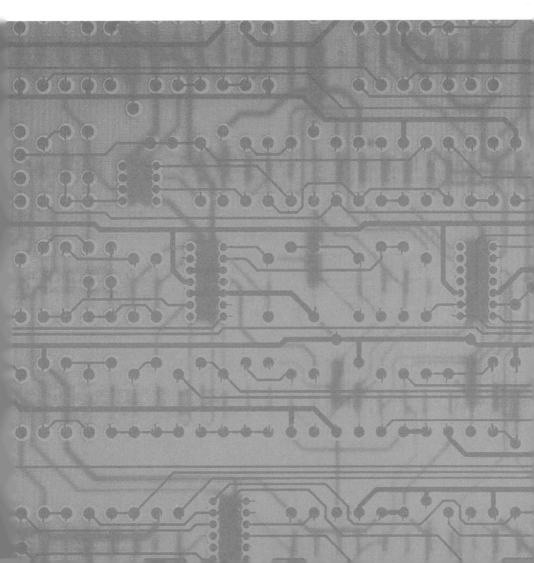

미래는 예측하는 것이 아니라 만들어가는 것이다!

1. 머리글

　많은 사람들은 오늘날 사회의 성격을 '지식기반사회'로 규정하고 있다. 최근의 경제사회활동에서는 자본이나 노동과 같은 전통적인 생산요소 대신에 지식이 중요한 몫을 담당하고 있으며, 앞으로는 지식을 어떻게 확보하고 활용하는가가 한 사회의 성장에서 핵심적인 관건으로 작용한다는 것이다. 특히 지식기반사회에 대한 논의가 전개되면서 지식의 창출뿐만 아니라 지식의 확산과 활용에도 주의를 기울이게 되고, 이전에 제대로 평가받지 못했던 비(非)공식적 지식 혹은 암묵적 지식의 가치도 적극적으로 고려되기 시작했다는 점은 주목할 만하다.

　필자는 여기에 덧붙여 기존의 지식을 통합하는 과정에서 새로운 지식이 창출되는 경우가 무척 많다는 점과 특정한 지식의 확산은 사회구성원들의 수용 여부와 밀접하게 관련되어 있다는 점을 강조하고자 한다. 예를 들어 21세기를 이끌어갈 과학기술로 간주되고 있는 정보통신기술과 생명공학기술은 모두 이전에 존재했던 과학기술분야를 통합함으로써 등장한 것이며, 사회구성원들은 해당 과학기술의 긍정적 측면뿐 아니라 부정적 측면에도 주의를 기울이기 시작하고 있다.

여기서 우리는 21세기 과학기술문명의 특징을 대표할 수 있는 핵심적인 단어로 '통합(integration)'을 상정할 수 있다. 20세기에는 거의 모든 과학기술 분야가 전문화·세분화되는 과정을 통해 그 내용을 충실히 해왔다면, 21세기에는 각 분야가 통합되는 과정을 통해 각 분야의 충실화만으로 포괄할 수 없는 많은 문제점을 해결하는 작업이 전개되지 않을까? 더 나아가 20세기에 '두 문화(two cultures)'로 간주되어 왔던 과학기술과 인문사회가 본격적인 상호작용을 보여주면서, 인문사회에서 과학기술의 위상이 더욱 높아짐과 동시에 과학기술의 변화에 대한 인문사회의 대응도 더욱 다양해지지 않을까?

이러한 문제의식에 입각하여 이 글에서는 '학문분야 사이의 통합'과 '과학기술능력과 사회조절능력의 조화'라는 두 가지 주제를 중심으로 21세기 과학기술문명의 좌표를 설정해보고자 한다. 아래의 논의는 통합이 왜 필요하고, 어떤 식으로 전개되고 있으며, 통합과 관련된 우리나라의 현실은 어떠하고, 이를 보완하기 위해서는 어떤 자세가 필요한지에 대해 검토하는 식으로 구성되어 있다.

2. 학문분야 사이의 통합

무너지고 있는 학문의 경계

　21세기의 학문분야가 통합을 중심으로 재편될 것이라는 전망의 근거로는 두 가지 차원을 생각할 수 있다. 하나가 소극적인 근거라면 다른 하나는 적극적인 것이다. 소극적인 차원의 근거로는 특정한 학문분야의 기초가 20세기를 지나면서 거의 완성되었다는 점을 들 수 있다. 20세기를 통해 특정한 학문분야에서 패러다임의 전환과 같은 급진적인 혁신은 거의 이루어졌기 때문에, 앞으로는 특정한 학문분야 내부에서의 급격한 변화보다는 학문분야 사이의 통합을 통한 혁신에 기대를 걸어야 한다는 것이다.

　예를 들어 자연과학의 경우에는 '과학의 종말(end of science)'

J. 호건의 『과학의 종말』

이라는 진단이 등장할 정도로 해당 분야의 중요한 이론들은 모두 성립되었다고 볼 수 있다(호건, 1996). 물리학의 경우에는 상대성이론과 양자역학을 통해 기초가 정립되었으며, 화학의 경우에는 분자결합이론이, 생물학의 경우에는 유전자 이론이, 천문학의 경우에는 빅뱅이론이 구축되어 있어서 자연과학 각 분야의 중요한 이론은 거의 해명되었다는 것이다. 이에 따라 앞으로의 자연과학에서는 새로운 패러다임의 전환보다는 기존의 패러다임 내부에서 제기되는 문제들을 자세히 규명하고 풀이하는 활동에 초점이 맞춰질 가능성이 높다.

이러한 경향은 기술의 경우에도 비슷하게 나타나고 있다. 20세기에는 컴퓨터, 반도체, 레이저, 나일론, 원자력 등 새로운 기술혁신이 꼬리에 꼬리를 물고 등장했지만, 앞으로는 이에 필적할 만한 '돌파형 기술(breakthrough technology)'의 광맥을 발굴하기가 어렵다는 것이다. 물론 최근에 인터넷을 중심으로 한 정보통신기술과 유전자 재조합에 근거한 생명공학기술 등이 지속적으로 발전하고 있지만, 정보통신기술과 생명공학기술의 기반이 되는 인터넷과 유전자의 기본적인 토대는 이미 20세기에 정립된 것이라 할 수 있다. 이와 관련하여 기술이 포화된 시대가 도래하여 더 이상 새로운 기술이 출현하기는 어려울 것이라는 전망도 제기되고 있다(시무라 유키오, 1995: 126-127).

학문분야의 통합에 대한 더 적극적인 근거는 실제로 통합 현상이 전개되고 있는 경우가 무척 많으며, 앞으로는 그러한 경향이 더욱 가속화될 것이라는 점에서 찾을 수 있다.

자연과학의 경우에는 대략 20세기 후반부터 물리화학·생화학·분자생물학 등과 같은 분야가 인기를 끌고 있는데, 그것들은 물리학·화학·생물학 등과 같은 기존의 학문분야가 통합된 간학문(inter-discipline)의 성격을 띠고 있다. 공학기술의 경우에는 20세기 후반에 메카트로닉스(mechatronics), 케미컬 일렉트로닉스

(chemical electronics), 옵토일렉트로닉스(optoelectronics)와 같이 전자공학을 중심으로 다양한 다른 분야가 접목되면서 '기술융합(technology fusion)'이 중요한 화두로 등장하고 있다(Kodama, 1991). 미래 사회를 선도한다고 하는 첨단기술도 예외는 아니다. 정보통신기술은 19세기 말 이후에 발전한 원거리 통신기술과 2차 세계대전 이후에 등장한 컴퓨터 기술이 결합됨으로써 형성되었으며, 인간게놈프로젝트가 조기에 일단락된 것도 생명공학기술과 정보통신기술이 접목되면서 나타난 현상이라 평가할 수 있다.

통합의 대상은 자연과학이나 공학기술 내부에만 국한되지 않는다. 20세기에 들어와 '과학기술'이란 용어가 사용되고 있듯이, 과학과 기술은 서로 주고받을 수 있는 수많은 접점들(interfaces)을 제공함으로써 일종의 수렴 경향을 보여주고 있다(홍성욱, 1999). 물론 과학과 기술이라는 두 가지 실체가 완전히 과학기술이라는 하나의 실체로 결합되었다고 평가하기는 어렵지만, '테크노사이언스(technoscience)'라는 용어가 등장할 정도로 과학과 기술의 통합이 가속화되는 것은 부인할 수 없는 사실이다(Latour, 1987). 또한 최근에 새로운 산업으로 각광받고 있는 정보통신산업이나 생물산업은 모두 과학기반산업(science-based industry)의 성격을 띠고 있어서 앞으로의 신(新)산업은 과학과 기술을 통합한 영역에서 등장할 가능성이 높을 것으로 판단된다.

더욱 흥미로운 것은 그동안 '두 문화'로 간주되어온 과학기술과 인문사회가 섞이는 경우도 어렵지 않게 목격할 수 있다는 점이다. 과학기술과 인문사회를 역사적·철학적·사회학적·정책학적으로 연결하여 규명하는 '과학기술학(science and technology studies, STS)'이 과학기술사·과학기술철학·과학기술사회학·과학기술정책학 등의 형태로 잇달아 출현하고 있으며(Jasanoff, 1995; 웹스터, 2002; 헤스, 2004), 최근에는 기술혁신이 기업의 핵심전략으로 부상하고 엔지니어 출신의 경영진이 증가하면서 기술과 경영을 접목하는 기술경영학이 인기를 끌고 있다. 더 나아가 정신문명의 상징인 예술에 물질문명의 상징인 기술이 '포토리얼리즘(photo-realism)'이라는 형태로 결합되고 있고, '복잡계(complex system)'라는 개념을 통해 과학기술과 경제사회를 연결하여 새로운 유형의 지식을 창출하려는 야심찬 시도도 있다(시오자와 요시노리, 1999).

왕성한 실험정신이 필요하다

이처럼 과학기술 내부 영역의 통합, 과학과 기술의 통합, 과학기술과 인문사회의 통합은 이제 거스를 수 없는 대세가 되고 있다. 동시에 이러한 현상은 앞으로 새로운 지식을 창출하는 원천이 그동안 이질적인 것으로 간주되어온 개별 분야 사이의 교류와 접합에 있다는 점을 웅변하고 있다. 그렇다면 학문분야의 통합 시대를 맞이하여 우리는 어떤 자세를 견지해야 할까?

우선 우리나라에서는 다양한 학문분야를 아우르는 학제적 접근이 매우 취약하다는 점이 지적되어야 한다. 다음 세대를 양성하는 데 핵심적인 역할을 담당하고 있는 교육에서 우리나라처럼 문과

(文科)와 이과(理科)가 확연하게 구분되어 있는 나라는 드물 것이다. 이에 따라 문과와 이과 중에 하나만 알고 있는 절름발이 국민이 매우 많을 뿐만 아니라 어떤 경우에는 그것을 매우 당연한 현상으로 받아들이기도 한다. 더구나 우리나라의 지식인들은 지금까지 자기 분야를 성장시키는 것에 집착한 나머지 다른 분야에 대해서는 관심을 기울일 만한 여유를 가지지 못했던 것으로 보인다. 예를 들어 전도유망(前途有望)한 것으로 간주되는 새로운 분야의 경우에도 사실은 기존의 학문분야를 통합한 것이 많지만, 관련 당사자들은 기존의 것과는 완전히 다른 새로운 분야로 각색하는 데 필요 이상의 에너지를 쏟고 있다. 이처럼 학문간 분리를 당연시하는 교육과정과 지식문화가 지속된다면 우리나라는 21세기 통합의 시대에 매우 뒤떨어지는 3류 국가로 전락할지도 모른다.

특히 우리나라 과학기술자들에게 통합에 대한 안목이 부족하다는 점은 매우 심각한 문제라고 할 수 있다. 정부연구개발사업을 기획하고 추진하는 과정에서 지금까지 우리나라 과학기술자들은 자기 분야를 강조하는 것에 과도한 반응을 보여왔다. 이에 따라 국가적 차원에서 연구개발의 우선순위를 도출하는 데 과학기술자들의 합의를 형성하기 어려울 뿐만 아니라, 여러 학문분야에 걸쳐 있는 융합적 과학기술이 충분히 고려되지 않은 것으로 보인다. 더구나 과학기술과 관련된 사회적 이슈가 과학기술과 인문사회를 아우르는 판단을 요구하는 데 반해 우리나라의 과학기술자들이 이러한 소양을 충분히 갖추고 있는지도 의문이다. 그 결과 과학기술이 인간사회에서 차지하는 중요성은 매우 증대되어왔으나, 과학기술자사회는 국정 운영에 발전적인 영향력을 행사하는 압력단체의 역할을 충분히 수행하지 못하고 있다.

이러한 제반 현상을 타개하기 위해서는 각 분야의 경계를 넘어서는 왕성한 실험정신이 필요하며 정부는 그것을 장려하는 방향으로 각종 정책을 기획하고 집행해야 할 것이다. 과학기술자는 자신의 전문분야에 대한 지식만을 지닌 '기능적' 지식인이 아니라 다른 과학기술분야는 물론 인문사회에 관한 지식을 동시에 겸비한 '유기적' 지식인으로서의 역할을 정립하는 데 힘써야 한다.

과학기술자사회는 그동안 실험적인 차원에서 시도되어온 학제적 프로그램에 대한 지지와 참여를 강화해야 할 것이며 새로운 통합 영역을 개척하는 데 적극적인 자세를 보여야 할 것이다. 아울러 정부도 기존의 학문 분류에 따라 편의적으로 정책을 기획하고 집행하는 것을 넘어서 학문간 통합을 통해 새롭게 출현하고 있는 영역을 조기에 발굴하고 이를 적극적으로 지원하는 자세를 보여주어야 한다. 이를 위해서는 기존의 학문 분류를 뛰어넘는 새로운 교육과정을 개발하는 작업에 대하여 국가적 차원에서 지원하는 것이 요구되며, 학술연구와 과학기술연구에 대한 예산을 배분하는 과정에서 간학문이나 융합기술과 관련된 항목을 별도로 고려해주는 것도 필요하다.

3. 과학기술능력과 사회조절능력의 조화

학문분야의 통합에 못지않게 미래 사회의 핵심 이슈로 떠오를 주제는 과학기술능력과 사회조절능력의 조화를 달성하는 데 있다. 그것은 과학기술이 인간생활의 구석구석에 영향을 미침에 따라 긍정적인 작용과 함께 부정적인 기능 또한 광범위하게 노출되기 시작했다는 점에서 매우 중요한 과제로 부상하고 있다. 우리나라의 경우만 보더라도 각종 대형사고와 환경문제가 줄곧 신문지상을 화려하게 장식해왔으며, 최근에는 생명복제 실험을 매개로 생명윤리에 관한 논점이 집중적으로 제기되고 있다. 유명한 역사가인 홉스봄 (Eric Hobsbawm)은 "역사를 통틀어 20세기보다 과학기술이 지배한 적도 없었고 20세기보다 과학기술에 대한 마음이 불편한 시기도 없었다."고 지적했지만(홉스봄, 1997: 715) 아마도 21세기에는 과학기술이 인간의 삶에 더욱 넓고 깊은 영향을 미치면서 과학기술과 관련된 사회적 문제도 더욱 표면화될 것임에 틀림없다.

이와 관련하여 20세기의 과학기술에 대해 대중이 보인 반응의 변천사를 살펴보면 매우 흥미로운 흐름을 발견할 수 있다(송성수, 1999). 1920년대만 해도 과학기술이 풍요의 원천이자 진보의 상징으로 찬양되었지만, 1960년대에 이르면 전쟁무기와 환경오염을 매개로 과학기술의 역기능이 본격적으로 비판되기에 이르렀다. 또한 과학기술의 역기능에 대한 인식도 1960년대에는 주로 결과에 따른 사후적인 인식에 불과했지만, 최근의 정보통신기술과 생명공학기술을 둘러싼 논쟁은 과학기술의 경로가 가시화되기 전에 이에 관한 문제점이 제기되고 있다. 이에 따라 과학기술능력과 사회조절능력의 조화를 달성하는 것이 인류의 장래를 가늠할 수 있는 관건으로 여겨지고 있다.

이러한 점은 과학기술의 미래를 예측하는 방식에도 잘 반영되고 있다. 15년 전만 하더라도 과학기술에 대한 전망은 과학기술의 발전을 당연한 것으로 받아들이고 그것의 속도를 저울질하는 방식으로 이루어졌다. 그러나 최근의 과학기술에 대한 전망은 과학기술능력과 함께 사회조절능력을 동시에 포괄하면서 낙관적 가능성과 비관적 가능성을 함께 고려하는 시나리오를 작성하는 것으로 변모하고 있다(Gordon and Glenn, 1994; Coates, 1997).

더 나아가 20세기에는 과학기술이 사회발전의 핵심 동력이라는 점을 강조하는 시각이 지배적이었다면, 최근에는 과학기술을 사회적으로 어떻게 통제할 것인가에 대한 관심도 점차적으로 증가하고 있다. 그것은 1944년에 미국의 부시(Vannevar Bush)가 루즈벨트 대통령에게 과학기술정책을 건의했던 보고서의 제목이 「과학, 끝없는 프런티어(Science, the Endless Frontier)」였던 반면에, 1997년 유럽연합이 21세기 과학기술정책의 비전을 담아 출간한 보고서의 제목이 「사회, 끝없는 프런티어(Society, the Endless Frontier)」였다는 점에서도 잘 알 수 있다(Bush, 1945; European Union, 1997).

이와 관련하여 삼성경제연구소는 과학기술 발전의 가속 또는

감속 여부를 하나의 판단기준으로 삼고, 그에 대한 사회조절능력의
성숙 수준을 다른 판단기준으로 삼아, 뉴 밀레니엄에 대한 4가지 시
나리오를 제안한 바 있다(삼성경제연구소, 2000). 과학기술능력과 사
회조절능력이 동시에 고도화되는 '디지토피아' 시나리오, 사회조절
능력이 과학기술의 발전속도를 따라가지 못하는 '아마겟돈' 시나리
오, 과학기술의 발전을 제어하면서 기존의 과학기술을 기반으로 안
정적 세계를 유지하는 '식물원' 시나리오, 과학기술의 발전이 정체
되고 분쟁과 갈등이 심화되는 '긴 겨울' 시나리오가 그것이다. 삼성
경제연구소는 연구원들의 토론과 전문가들의 자문을 거쳐 이러한

4가지 시나리오의 실현가능성을 각각 45%, 25%, 20%, 10%로 추
정하고 있다.

4가지 시나리오 중에서 어느 하나가 모든 시기와 지역에서 우
세를 보일 것이라는 전망은 실현되기 어렵다. 오히려 4가지 시나리
오가 단계적으로 실현되거나 지역별로 차이가 있으리라는 전망이
더욱 현실적일 것이다. 예를 들어 아마겟돈이나 식물원의 단계를
거쳐 디지토피아로 갈 수도 있고, 선진국의 중심부에서는 디지토피
아가 구현되지만 제3세계의 저개발 지역은 긴 겨울에 머물 수도 있
다. 세계적 경쟁 추세 속에서 과학기술의 발전속도를 완전히 제어
하기 어렵다는 점을 인정한다면, 사회조절능력의 성숙을 통해 점진
적으로 디지토피아를 구현하는 것이 우리가 당면하고 있는 과제라
할 수 있다. 그러나 과학기술능력과 사회조절능력이 서로 상충될
경우에는 아마겟돈보다는 식물원에 일단 만족하면서 점차적으로
디지토피아를 도모하는 방법이 더욱 바람직할 것이다.

과학기술자의 사회적 책임과 윤리

과학기술능력과 사회조절능력의 조화와 관련하여 핵심 쟁점
이 될 문제는 과학기술자와 일반 시민의 자세라고 판단된다. 이제
과학기술자는 연구개발활동에 총력을 기울이는 것을 넘어서서 과
학기술과 관련된 사회적·윤리적 차원의 문제에 적극적으로 대처
해야 한다. 특히 선진국의 경우에는 과학기술자의 사회적 책임에
대한 논의가 오래전부터 이루어졌지만, 우리나라의 경우에는 이에

관한 문제 제기조차도 매우 부족한 실정이다(오진곤, 1999; 유네스코 한국위원회, 2001).

우리나라 과학기술자의 사회적 지위가 다소 낮아지는 경향을 보이고 있는 마당에, 사회적 책임을 운운하는 것은 과학기술자에게 또 다른 부담으로 작용할지도 모른다. 그동안 급속한 산업화를 겪어오면서 과학기술의 기여는 더욱 높아졌지만, 이에 걸맞은 과학기술자의 사회적 지위가 보장되지 못하는 역설적인 현상이 발생하고 있는 것도 사실이다(서지우, 2002; 한국경제신문, 2003). 그러나 다른 각도에서 살펴보면 이러한 현상은 그동안 과학기술자들이 사회적 책임이라 할 만한 영역에 대해 적극적으로 대처하지 못했던 데 기인한다고 풀이할 수도 있다. 특히 1980년대 이후 과학기술이 일상생활에 급격히 침투하면서 과학기술에 연루된 사회적 문제가 계속 불거져 나왔지만, 이에 대한 과학기술자사회의 대응은 미미했던 것으로 보인다.

그렇다면 과학기술자는 어떤 사회적 책임을 어느 정도로 수행해야 할까? 이 문제에 대한 보편타당한 해답은 존재하지 않지만, 과학기술자의 사회적 책임과 관련된 3가지 화두를 던져봄으로써 이에 대한 잠정적인 해답을 찾고자 한다.

첫 번째 화두는 국제과학협의회(International Council of Scientific Unions, ICSU)가 지적한 '전문가적 증인(expert witness)으로서의 역할' 이다(프레이저·콘하우저, 1994: 58-59). 전문가적 증인으로서의 역할이란 "어떤 것이 지금까지 알려져 있는 사실이고, 어떤 것이 아직

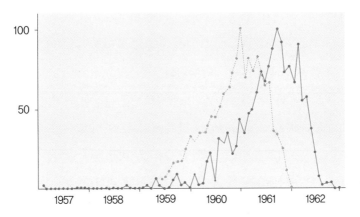

탈리도마이드 사고를 표현한 그래프
점선은 탈리도마이드 판매량의 상대적 추이를, 실선은 탈리도마이드에 의한 기형아 출생 빈도를 나타내고 있다.

알려지지 않은 것이며, 알려진 사실의 경우 그것에 따르는 불확실성은 무엇이며, 지금 연구가 진행되고 있는 것은 무엇이고, 노력하면 알 수 있는 것은 무엇이며, 또 필요한 지식을 얻기 위해서는 어느 정도의 연구를 수행해야 하는가 등에 대하여 자신의 능력을 나타내 보이는 것"을 지칭한다.

두 번째 화두는 1981년 노벨화학상 수상자인 호프만(Roald Hoffmann)이 제기한 '진짜와 가짜의 구별'에 관한 것이다(호프만, 1996: 181-197). 1950년대 후반 독일의 한 회사는 다른 진정최면제와 분자구조가 유사하다는 근거로 탈리도마이드(talidomide)를 만들어 널리 시판했다. 그러나 그것은 1960년대 초반 유럽 지역에서 약 8천 명의 기형아를 유발한 주범으로 밝혀졌다. 이에 대해 호프만은 화학물질의 미세한 차이는 과학기술자만이 알 수 있는 것이기 때문에 과학기술자들이 새로운 물질의 위험성과 오용가능성을 사회에 알려야 할 의무가 있다고 지적하였다.

세 번째 화두로는 1995년 노벨평화상을 수상한 과학자인 로트블랫(Joseph Rotblat)이 1999년에 열린 세계과학회의(World Conference on Science)의 기조연설에서 제안한 '과학의 히포크라테스 선서'의 제정을 들 수 있다(로트블랫, 2001). 그는 "이제 과학자들이 자신의 연구에 따른 윤리적 문제나 사회적 영향, 인간과 환경에 대한 영향 등에 본격적으로 관심을 가져야 할 때가 됐다."고 지적하면서 과학자 사회 스스로가 과학자의 윤리를 선도적으로 제정할 것을 촉구하였다. 이와 같은 윤리강령은 과학기술자가 자신의 사회적 역할과 책임에 대해 진지하게 생각할 수 있는 좋은 매개체로 작용할 것이다.

이상의 화두에 비추어볼 때 과학기술자는 과학기술의 상황에 대하여 진솔한 의견을 제시하고 과학기술의 부작용을 고발하며 더 나아가 과학기술자의 윤리를 스스로 정립하는 일에 적극적인 노력을 기울여야 할 것이다. 이러한 차원의 '책임(accountability)'은 세상을 보는 시야와 태도를 조금만 개선한다면 과학기술자로서도 크게 어렵거나 부담스러운 일은 아닐 것이다. 과학기술자들이 사회적 책임에 대하여 적극적인 의견을 개진하고 이에 관한 합의를 도출하는 것은, 과학기술능력에 조화되는 사회조절능력을 배양하는 데 크게 도움이 될 뿐만 아니라, 앞서 지적했던 과학기술과 인문사회의 통합을 달성할 수 있는 가장 바람직한 길로 판단된다.

과학기술에도 시민권이 있다

과학기술능력과 사회조절능력의 조화와 관련된 또 다른 쟁점은 일반 시민의 자세다. 지금까지 우리 사회의 일반 시민은 과학기술로부터 엄청난 영향을 받고 있음에도 불구하고 과학기술과 관련된 의사결정에 참여한 적이 거의 없었다. 그래서 과학기술에 대한 맹목적인 찬양이나 반대와 같은 극단적인 태도를 취할 위험성을 지니고 있다. 그러나 역설적이게도 우리나라의 국민은 초·중·고교의 정규교육을 통해 오랫동안 과학기술을 배워온 까닭에, 기본적인 과학기술지식에 어렵지 않게 접근할 수 있는 장점을 지니고 있다. 더구나 일반 시민이 접하는 문제들은 전문적인 과학기술지식으로 해결해야 될 성격의 것이 아니라 과학기술이 빚어내는 가능성과 문제점, 그것들 사이의 선택, 그리고 선택한 것에 대한 투자 등과 관련되어 있는 경우가 많다. 따라서 조금만 더 노력을 기울인다면 과학기술과 인간사회에 대해 세련된 견해를 가질 수 있을 것이고, 그것이 바로 과학기술의 시대를 살아가는 건전한 시민의식의 출발점이라 생각된다.

최근에는 우리나라에도 과학기술이나 환경과 관련된 시민단체가 속속 출현하여 과학기술에 관한 시민참여를 도모하고 있다(참여연대 과학기술민주화를위한모임, 1999; 참여연대 시민과학센터, 2002). 이러한 시민단체의 활동 근거가 되는 것은 기존의 시민권 개념을 과학기술의 영역에 확장한 '과학기술시민권'이라 할 수 있다 (Frankenfeld, 1992; Zimmerman, 1995; Foltz, 1999). 과학기술시민권은 지식 혹은 정보에 접근할 수 있는 권리, 의사결정이 합의에 기초해야 한다고 주장할 수 있는 권리, 과학기술정책의 결정과정에 참여할 권리, 집단이나 개인들을 위험에 빠지게 할 가능성을 제한시킬 권리 등으로 구성된다. 과학기술에 대한 시민권의 확보는 관련 정책의 투명성과 정당성을 끌어올려 잘못된 과학기술투자로 인한 엄청난 경제적 비용과 사회적 갈등을 최소화할 수 있게 하며, 과학기술의 사회적 구성과정을 변화시켜 더 인간적이고 환경친화적인 과학기술의 발전경로를 촉진하는 계기로 작용할 수 있다. 이러한 문제의식을 바탕으로 그동안 시민단체는 생명공학기술의 사회윤리적 이슈에 대한 문제 제기, 과학기술 전문가와 일반 시민의 의견 교환을 위한 공간 마련, 과학기술과 인간사회를 잇는 교육프로그램의 개발 등을 추진해왔다.

이러한 과정에서는 서구에서 발달한 과학기술에 대한 시민참여제도를 실험하는 작업도 병행되었다. 그 대표적인 예로 '합의회의(consensus conference)'를 들 수 있다(김명진 · 이영희, 2002). 합의회의는 선별된 일반인들로 구성된 시민패널이 사회적으로 논쟁이 되고 있는 과학기술 이슈에 대해 전문가들에게 질의하고 대답을 청취한 후, 내부 토론을 바탕으로 보고서를 작성하여 기자회견을 통해 발표하는 포럼이다. 합의회의는 일반 시민의 참여 욕구가 점점 증대하고 있는 현실에서 특정한 정책의 정당성 여부를 조기에 판단할 수 있는 통로가 되며, 장기적으로는 토론과 학습을 통해 문제를 해결해가는 선진적인 문화를 구축할 수 있는 계기로 작용한다. 우리나라에

1999년에 개최된 생명복제기술 합의회의에서 시민패널이 보고서를 낭독하는 모습.

서는 합의회의가 1998년과 1999년에 유전자변형식품과 생명복제기술을 주제로 개최된 후 일시적으로 중단되었다가 2004년에 전력정책을 주제로 다시 추진된 바 있다(김환석, 2000; 김병수, 2005).

　　과학기술시민단체의 활동은 신선한 자극으로 작용하기도 했지만, 이에 대한 비판적인 견해도 종종 제기되었다. 과학기술정책과 관련된 주요한 의사결정에 시민단체의 의견을 고려하는 것은 바람직한 일이지만, 과학기술시민단체가 취하고 있는 입장이 반(反)과학이 아니냐는 의구심도 제기되고 있는 것이다. 과학기술의 역기능에 대한 인식이 취약하고 과학기술과 관련된 사회적 이슈에 대한 논쟁이나 토론의 경험이 거의 없었던 우리의 현실에서는 대안적 과학기술을 도모한다는 시민단체의 주장이 과학기술의 발전에 반대하는 것으로 오해될 수도 있다. 그러나 우리 사회도 이제는 과학기술에 대한 다양한 입장을 수용하면서 과학기술과 관련된 사회적 문제를 좀더 본격적으로 토론할 필요가 있다. 과학기술능력과 사회조절능력의 조화라는 미래 사회의 핵심적인 과제는 이미 어떤 결론이 상정되어 있는 것이 아니라, 우리 사회를 구성하는 많은 사람들의 지혜를 모아가면서 달성될 수밖에 없기 때문이다.

4. 맺음글

지금까지 '통합'을 핵심단어로 하여 학문분야간 통합, 그리고 과학기술능력과 사회조절능력의 조화에 대해 살펴보았다. 이러한 논의를 통하여 이질적인 것으로 보이는 분야 사이의 교류와 통합이 새로운 지식을 창출하는 중요한 원천으로 부상하고 있으며, 미래의 과학기술문명은 과학기술의 양면성과 이에 대한 인간사회의 대응을 동시에 고려하는 차원에서 파악되어야 한다는 점이 좀더 분명해졌다. 또한 이와 같은 통합이 미래 사회의 핵심적인 경향 중 하나임에도, 우리 사회는 이를 추진할 수 있는 여건이 성숙되어 있지 못하다는 점도 지적되었다.

통합은 흔히 결혼에 비유된다. 그러나 결혼이 한꺼번에 모든 문제를 해결하는 것이 아니듯 통합 역시 완전한 결합은 아니다. 무엇보다도 통합은 다른 영역을 인정할 줄 아는 자세를 필요로 한다. 자신과 다른 영역에 쉽게 딱지를 붙이면서 배척하는 태도는 과거에 안주하는 자세에 다름 아닌 것이다. 더 나아가 적극적인 의미의 통합을 이루기 위해서는 관련 당사자 사이의 생산적인 대화가 필수적이다. 이를 위해서는 통합과 관련된 당사자들이 공동관심사를 바탕으로 자신이 무엇을 줄 수 있고 무엇을 받을 것인가에 대한 철저한 고민과 현실적인 타협이 필요하다.

　이러한 과정을 통해 인간이 만들어가는 것이 미래의 과학기술문명이라고 할 수 있다. 미래의 과학기술과 인간사회는 미리 정해진 것이 아니라 서로간의 수많은 상호작용을 통해 만들어지는 것이다. 어떤 경우에는 비교적 어렵지 않게 문제가 해결될 수 있겠지만 다른 경우에는 상당한 갈등과 숱한 우여곡절을 겪을 수도 있을 것이다. 미래의 과학기술문명이 어떤 모습으로 자리를 잡을 것인가 하는 문제는 과학기술과 관련된 이슈를 투명하게 제시하고 그것을 현실적으로 풀어갈 수 있는 인간의 태도와 능력에 달려 있다고 하겠다.

| 참고문헌 |

- 김명진 · 이영희, 「합의회의」, 참여연대 시민과학센터, 『과학기술 · 환경 · 시민참여』, pp. 43-84, 한울, 2002
- 김병수, 「전력정책 합의회의의 경과와 함의」, 『과학기술정책』 제15권 2호, pp. 30-38, 2005
- 김환석, 「합의회의 추진경과 및 발전방향」, 『과학기술정책』 제10권 2호, pp. 38-45, 2000
- 데이비드 헤스(김환석 외 역), 『과학학의 이해』, 당대, 2004
- 로얼드 호프만(이덕환 역), 『같기도 하고 아니 같기도 하고』, 까치, 1996
- 삼성경제연구소, 「디지털 혁명의 충격과 대응」, CEO Information, 2000. 1. 19.
- 서지우, 『누가 이공계를 죽이는가: 이공계 위기, 진단과 처방』, 은행나무, 2002
- 송성수, 「현대 기술의 역사와 기술변화의 쟁점」, 『과학기술은 사회적으로 어떻게 구성되는가』, pp. 311-345, 새물결, 1999
- 시무라 유키오(우형달 역), 『테크노 아시아: 기술패권은 아시아로 향한다』, 넥서스, 1995
- 시오자와 요시노리(임채성 외 역), 『왜 복잡계 경제학인가: 지식의 패러다임 대전환』, 푸른길, 1999
- 앤드루 웹스터(김환석 · 송성수 역), 『과학기술과 사회: 새로운 방향』(보론증보판), 한울, 2002
- 에릭 홉스봄(이용우 역), 『극단의 시대: 20세기 역사』(총 2권), 까치, 1997
- 오진곤, 『과학자와 과학자집단: 그들의 역할과 사회적 책임』, 전파과학사, 1999
- 유네스코한국위원회, 『과학연구윤리』, 당대, 2001
- 조셉 로트블랫, 「과학과 인간적 가치」, 유네스코한국위원회, 『과학연구윤리』, pp. 282-295, 당대, 2001
- 존 호건(김동광 역), 『과학의 종말』, 까치, 1997
- 찰스 스노우(오영환 역), 『두 문화』, 사이언스북스, 2001
- 한국경제신문 특별취재팀, 『스트롱 코리아: 이공계가 살아야 한국이 강해진다』, 한국경제신문사, 2003
- 참여연대 과학기술민주화를위한모임, 『진보의 패러독스: 과학기술의 민주화를 위하여』, 당대, 1999
- 참여연대 시민과학센터, 『과학기술 · 환경 · 시민참여』, 한울, 2002

- 프레이저 · 콘하우저(송진웅 역), 『과학교육에서의 윤리와 사회적 책임』, 명경, 1994
- 홍성욱, 「과학과 기술의 상호작용: 지식으로서의 기술과 실천으로서의 과학」, 『생산력과 문화로서의 과학기술』, pp. 193-220, 문학과 지성사, 1999
- Bush, V., *Science, the Endless Frontier: A Report to the President*, Washington, D.C. 1945
- Coates, J. F., J. B. Mahaffie, and A. Hines, *2025: Scenarios of US and Global Society Reshaped by Science and Technology*, Oakhill Press, Greensboro, NC., 1997
- European Union, *Society, the Endless Frontier: A European Vision of Research and Innovation Policies for the 21st Century*, 1997
- Foltz, F., "Five Arguments for Increasing Public Participation in Making Science Policy", *Bulletin of Science, Technology & Society*, Vol. 19, No. 2, pp. 117-127, 1999
- Frankenfeld, P.J. "Technological Citizenship: A Normative Framework for Risk Studies", *Science, Technology & Human Values*, Vol. 17, No. 4, pp. 459-484, 1992
- Gordon, T.J. and J. G. Glenn, "An Introduction to the Millenium Project", *Technological Forecasting and Social Change*, Vol. 47, No. 2, pp. 147-170, 1994
- Jasanoff, S., G. E. Markle, J. C. Petersen and T. Pinch, eds., *Handbook of Science and Technology Studies*, Sage Publications, London, 1995
- Kodama, F., *Emerging Patterns of Innovation: Sources of Japan's Technological Edge*, Harvard Business School Press, Boston, MA., 1991
- Latour, B., *Science in Action: How to Follow Scientists and Engineers through Society*, Harvard University Press, Cambridge, MA., 1987
- Zimmerman, A. D., "Toward a More Democratic Ethic of Technological Governance", *Science, Technology & Human Values*, Vol. 20, No. 1, pp. 86-107, 1995

|찾아보기|